编著 / 金洪男

苏州新闻出版集团
古吴轩出版社

图书在版编目（CIP）数据
勺园绘事 / 金洪男编著. -- 苏州 : 古吴轩出版社,
2025. 6. -- ISBN 978-7-5546-2692-4
Ⅰ. TS972.12; I217.2
中国国家版本馆CIP数据核字第2025J5M651号

扉页题字：吴冠南
责任编辑：鲁林林
见习编辑：周　磊
装帧设计：刘焕之
责任校对：王霁钰

书　　名：勺园绘事
编　　著：金洪男
出版发行：苏州新闻出版集团
古吴轩出版社
地址：苏州市八达街118号苏州新闻大厦30F
电话：0512-65233679　　邮编：215123
出 版 人：王乐飞
印　　刷：苏州恒久印务有限公司
开　　本：889mm×1194mm　1/16
印　　张：12.5
字　　数：151千字
版　　次：2025年6月第1版
印　　次：2025年6月第1次印刷
书　　号：ISBN 978-7-5546-2692-4
定　　价：198.00元

当红『厨星』金洪男

文/华永根

金洪男是当今烹饪界才华横溢的当红“厨星”，他跨界艺术圈，是一位崭露头角的画家。两者结合，恰如其分，可称为“烹饪艺术家”了。他又称自己为“雅厨”，展现他的自信与魅力。

他的新书《勺园绘事》与读者见面了，我心里真为他高兴。这本书的内容半是菜肴名点，半是绘画书法，告诉读者他不仅是一个厨师，还是一个才艺非同一般的艺术家。这本书是他多年来人生心路的小结，读者也能在“烹调与书画”里品尝到他做出的一道道“人生美食”，领略其中闪跃出的饮食艺术文化！

洪男出书前就请我为他的书写序，我作为他的师父，自然是当仁不让的。多费些时间、用笔墨夸夸自己的弟子，何乐而不为呢？夸好了，我也“水涨船高”呀！其实，我也不需要多夸他，他的业绩水平摆在那里，大家是有目共睹的。亦师亦友的我，就写些只言片语，告诉你们一个真实的厨师金洪男吧！

洪男从小就立志成为一代大厨，进学校，练厨艺，毕业后就职于苏州各大饭店，阅历颇丰，技艺日进，蓄势待发！结识新梅华饭店老板单三男后，他遇到人生道路上的“贵人”为他指点迷津，他如虎添翼，乘势而上，厨艺愈加练熟。不久，他出任新梅华饭店厨师长，刻苦锤炼技艺，各类业绩步步高升。不久，他又荣升为总经理。虽然“官职”在身，但他仍坚守在灶台一线，研发与时俱进的菜肴，创制出的一大批名菜、名品，成为新梅华饭店的“看家菜”，传承了苏帮菜的经典。其名菜名点，一时风靡苏城，名声大噪。

他又与新梅华饭店董事长单正女士联手创办了苏州新梅华餐饮管理有限公司，并担任公司总经理，单正出任董事长。他俩联手亲力亲为，以敏锐的眼光，投入大量人力、财力，切入市场，创办出旗下多个著名饮食品牌店，如新梅华饭店、新梅华茶点、四季阳春、姑苏食景图、半庭嘉宴、江南雅厨等，将品牌系列化、规范化。大小饭店企业发展近四十家，在苏州餐饮版图上，处处有“新梅华”品牌餐厅。与餐饮业相关的“上游、下游”企业乃至大型商业综合体的开发商，都要到新梅华公司来“寻亲访友”，商谈合作。新梅华成为苏州餐饮市场上的“香饽饽”，跃上了一个新的台阶。

当下，在中国多种美食榜单上，如凤凰网“金梧桐”星级餐厅、“橄榄中国餐厅”“黑珍珠”星级餐厅等，都有新梅华、江南雅厨、半庭嘉宴的名号。

金洪男出生在苏州浒关的一户普通家庭里。他从小酷爱画画，参加工作后，仍用心钻研绘画。平时空余时间，他爱好赏石、收藏等。他潜心钻研绘画，涵养性情，涤荡胸怀，在美食与美术活动中总是游刃有余。做厨师是辛苦的行当，夏日，在红火的炉灶边，挥汗如雨；冬日，寒气袭人，因工作需要穿着必须单薄。即使在春秋时节，尤其是节假日，他总与灶台不离不弃，与油烟为伴，为的是做出那一份份可口的饭菜。若是在休息时间，洪男总是拿起笔，驰骋在宣纸上，沉浸在色彩图画里。他常起早摸黑在自己的画桌上奋笔绘画，有时竟画到废寝忘食的地步。在绘画的道路上，洪男是颇具天赋又具灵感的人。与著名书画家吴冠南先生结为师徒后，他的画技得到长进，跳脱出苏州的花鸟细腻画法，进入了一个大写意、奔放纵笔、多彩的境界，故而佳作连连，获奖无数。其书画作品的艺术水准还真不亚于那些职业画家。苏州著名作家、书画家荆歌先生在《不断点亮——旁观金洪男》一文中写道，金洪男对绘画的沉迷，这种疯魔得飞起来的状态，没有让他自满和骄傲，他的精神世界完全被绘画创作鼓舞充盈。荆歌又称，金洪男其实已经是一位特别优秀的画家，未来必然是一位大艺术家！

其实，洪男作为职业厨师，书画是他自身艺术修养的提炼，两者贯通于生活、工作之中。在一个主厨举足轻重的时代里，一家饭店、一家餐厅，一个当红主厨即饭店、餐厅的“灵魂”。他会用自己的艺术眼光，布置出和谐柔美的餐厅，出品具有艺术范儿的菜品，能在烟火气里升华出艺术的色彩，让“不时不食”的节令美食里弥漫着苏州文人的气息，从而征服越来越多的食客及消费者。

在当代的餐饮江湖上，金洪男被称为“会画画的烹饪大师”，又是一位“会烧菜做饭的艺术家”。他知道自己找到了一条独特艺术菜肴的创造道路，在这条路上，刀与笔将不再有界限，美食与艺术融为一体。他曾自称为“江南雅厨”。人们也没想到，洪男又用“江南雅厨”的称号为一家餐厅冠名。经过他的不断创制，推出了“园林里的苏帮菜”“江南文化苏州味道”等特色主题，江南雅厨餐厅成为当下苏州餐饮市场上最热门的餐厅之一，真是厨房自有乾坤大，一勺一铲尽风骚。他自己也“圈粉”无数，以个人的魅力率领着一支优秀厨师团队，活跃在苏州餐饮前沿阵地。

我与洪男交往，在生活中，更多在餐厅里、在餐桌上。为人师表，则需注重师道尊严，授人之业，先授以心。做一个好厨师，须先做好人，再烧好菜，这是我一直要求的，洪男也一直身体力行这一主张。在现今餐饮行当中，沉沉浮浮的人真不少。有一位大厨受骗，资金抵押，生活拮据，找到洪男，要他帮帮忙，拿出一些真假难辨的普通字画高价卖给洪男。他二话没说，拿出当年十多万的奖金给那个大厨，帮他渡过难关。在这件事上，我也看出了金洪男心底宽厚、乐于助人的一面。用佛门说法：真是施人与善，广种福田。

洪男为人处世有本，总是低调做人，高调做事。对自己的烹调技艺，从不马虎，专心致志。他不惜钱财去外地接受培训、学菜、交流，有时赶车千里之外去寻找特色食材！当年在新梅华饭店里当总厨时，他研发出品了“千岛湖鱼头汤”，那款菜品汤浓鱼鲜，配上河虾、小蟹、鱼圆，这碗鱼头汤引领了当时苏州餐饮市场的潮流，吸引无数食客来品尝。直至今日，还有众多食客对那碗大鱼头汤念念不忘呢！

在江南雅厨餐厅里，他潜心推出的园林里的方糕，那糕小巧甜糯，用园林、漏窗、湖石、小桥等元素图案做成糕点，备受人喜爱。这种创作灵感来自他临摹

《兰亭序》时，以及品赏文徵明《拙政园图》的感悟。烟熏葱烤青鱼，采用古法，却颇具新意，鱼肉紧实鲜美，焦香、葱香、鱼香，引人入胜。还有那款酿蒸深海大黄鱼，酒香扑鼻，鱼肉鲜嫩味美，催人食欲。还有一块以香茅草衬底的酱方，方方正正一大块，颇具气场，好吃又好看。他又运用西餐烹饪方法——分子料理技术进行重构，用活了甜品，创制出如奶酪鸡头米、雪莉慕斯、燕窝银杏等新品。一些大众品种，如牛油果百合，色泽翠绿，颜值颇高；情侣拉糕一红一白两块，更受年轻人的欢迎。他又重金购买一些流行、高档、文气的餐具，以菜配盘。故而，他那里出品的菜肴，造型、色彩、装盘总是那样新颖别致，又讨人喜欢！这种创新不是对传统的背离，而是用现代语言诠释古老智慧。可以毫不夸张地说，他开创了一个城市餐饮新的风貌。

在厨师队伍里，我可谓阅人无数。有一些人庸庸碌碌，靠“花拳绣腿”混了一辈子；也有一些人受不起厨师工作的艰辛，半路退出江湖，转行改业；也有一些人远离犬马声色，数十载如一日，苦练厨艺，匠心在胸，独领风骚。金洪男在我看来属于后者。

苏州饮食文化源远流长，苏帮菜作为省级非遗保护项目，传承创新迫在眉睫。金洪男作为苏州市市级非遗项目苏帮菜制作技艺代表性传承人，重任在肩。他又是承上启下的一代，责无旁贷。我也当尽全力协助他，就像已故作家陶文瑜送给洪男的对联诗句：“吃香喝辣新梅华，传宗接代老恩师。”我俩一起努力吧！

回到正题上，金洪男新著的这本《勺园绘事》，展示了他在传承、创新厨艺道路上一个阶段的成果。那书里美食图片采用全新视觉拍摄，菜点新颖，构图摆盘讲究，仿佛看到了水墨画中的“留白”，有着丰富的层次感，图片美轮美奂。书中图画、图片光彩照人，犹如看到了在案板这张宣纸上重彩叠加的图案。书中又有多位画友、作家称颂他的文章，各抒己见，发自肺腑，写出了他们对洪男在书画、厨艺上传奇经历的认知，实为难得。读者在欣赏、品读之余，定会为之动容喝彩，又能将其珍藏起来。因为你收藏的不仅仅是一本图书，更是一个当红“厨星”采用艺术叠加手法制作出来的当代艺术作品。

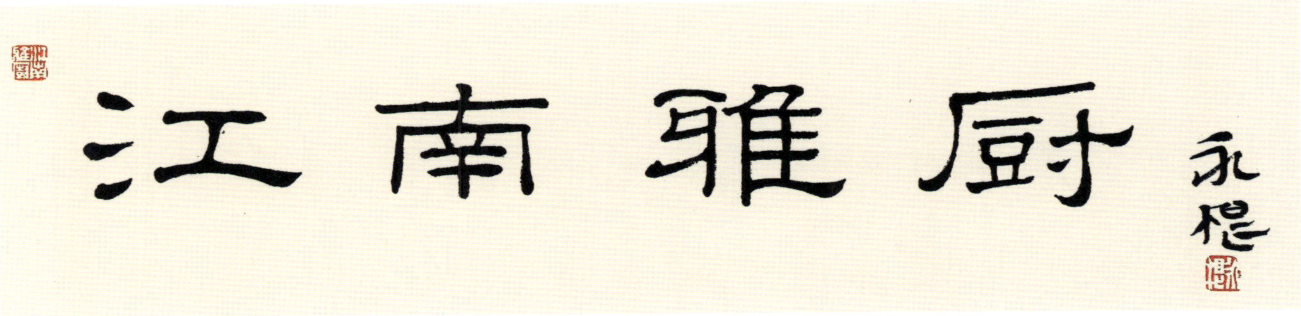

江苏省烹饪协会荣誉会长、中国饭店协会顾问华永根题字

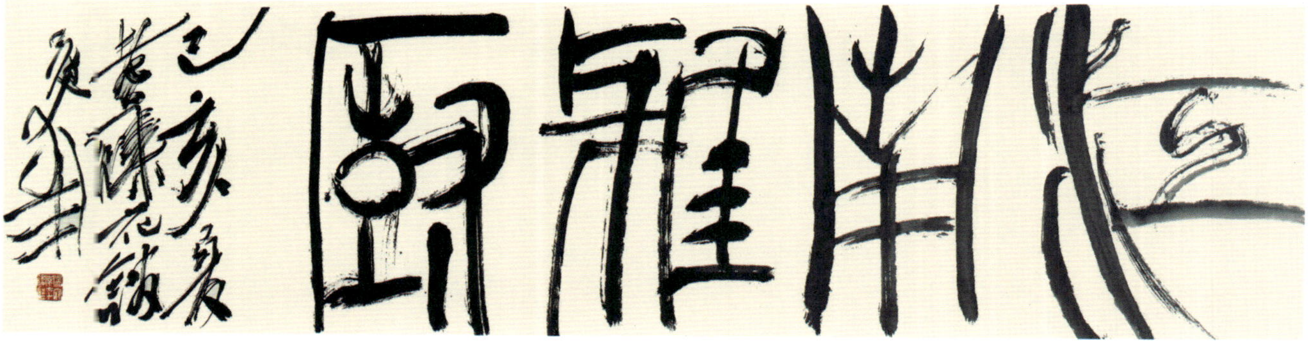

江苏省国画院艺委会委员、陕西国画院名誉院长、中国美术家协会会员吴冠南题字

只要用心 便是艺术

文／吴冠南

其实世上的事儿，不论从事哪个行业，一旦用了心去做，便处处都是艺术。苏州是出了名的人间天堂。自古以来也许是由于地理优越、生活富裕，苏州人几乎个个是干什么都极其讲究的那一类特殊的人。且听苏州人的评弹、昆曲和最普遍的苏州人讲话；看苏州人的刺绣、造园、养鱼、斗虫的那个认真讲究劲，尤其是吃一次就百年也忘不了的苏帮菜的美味，说句实话，其他地方的人真的也只有甘拜下风的份。

国人对吃自古以来都讲究。有历史记载的大约有：孔夫子的“食不厌精”；杜甫的“鲜鲫银丝脍，香芹碧涧羹”；白居易的“置之炊甑中，与饭同时熟”；范仲淹的“江上往来人，但爱鲈鱼美”。苏东坡则更是个“吃货”，还以大名鼎鼎的“东坡肉”传吃千年！看他自己怎么说的：《猪肉颂》有“净洗铛，少著水，柴头罨烟焰不起。待他自熟莫催他，火候足时他自美……”。还有许多古代吃货，限于篇幅不能一一列举了。

金洪男是个最能代表当代苏州美食的名家，他身为“烹饪大师”，拥有庞大的美食连锁经营企业，就不难想象他作为当代“吃货”的水准之高了。其实，金洪男骨子里还是个画家的料。早先苏州的名画家陈如冬就夸他“是个画画的料”。我相信如冬兄的眼光是准确的。每个人都可能因为就业的途径和机遇的不确定性和少选择性而走进不同行业，洪男则走进了烹饪行业。这个其实也蛮好，真的把菜肴当作艺术品来做的话，于烹饪“江湖”来说，洪男岂不就是独霸天下了？

实际上数十年的时间里，洪男一直也没有放下画笔。凡事贵在用心，由于他的钻研和付出比常人更多，几十年时间里他是既烹出了美味，又画出了美图。近年机缘巧合之下他又随我学画画，我说：“美术、美味，都以美字当头，食有色、香、味，画也有色、香、味。我只指路，领悟还是要靠自己的。”洪男的好些画其实已经达到一定的水平，接下来读书、写字是主课，只有这样，绘画水平和烹饪水平才都会进入更高的层次。我期待着，大家也期待着五年后的洪男、十年后的洪男能成为一个不一样的美术美食家。

江南雅廚
丁酉初夏

美哉美哉

文／金洪男

我先后师承于曾程福（苏苑饭店总厨）、单三男（新梅华创始人）、张子平（苏州饭店厨师长）、华永根（江苏省烹饪协会荣誉会长、中国饭店协会顾问），不断学习交流、传承非遗。22岁任社会餐饮总厨，27岁来到新梅华。新梅华从一家小店起步，逐步发展为拥有40余家门店的餐饮集团。这一路，既有创业的艰辛，也有对“苏州味道”的坚守。

江南，自古文兴之地，才子佳人对其多有眷顾，名篇词句、丹青水墨间，满溢江南地灵人杰之气。古之文人绘、话江南，也于无形中塑造了此地婉约雅致的生活方式与文化肌理。

我初三时看了一部大厨故事电影，名字没记住，做大厨的“雄心壮志”却没由来地一直坚持到了现在。家里祖祖辈辈都和厨师不搭边，我自己16岁考入苏州市旅游学校（即今苏州旅游与财经高等职业技术学校）烹饪专业，先后在南园宾馆、苏州饭店比赛实训，毕业后进苏苑饭店工作。我的经历与很多从厨的人并无二致，当时觉得只要认真，没有什么难做的事。学厨第三年，我参加了全国烹饪比赛，意外斩获一等奖。这份肯定让我意识到，烹饪不仅是技艺，更是一门艺术。

2000年初，苏州进入商圈时代，新梅华是最早几个进入商场的餐饮品牌之一，由此一炮打响。当时我们也并不知道商场日后会成为人们消费的主流场所，只是正好有这个机会，我们就决心去尝试。可见机会总是留给有准备的人，用心努力也最终会收获果实。2015年，我创立“江南雅厨”品牌，初衷是将苏州园林的雅致、书画的韵味融入餐饮，打造艺术文化餐厅。这也是我对苏州菜的理解，既然坚守本土菜系，那么一定要彰显苏州菜的特色。餐厅环境以苏式园林为蓝本，菜单设计成花窗样式，菜品命名取自诗词典故。我们坚持“不时不食”，依四季推出时令宴席：春有“塘鳢鱼宴”的鲜嫩，夏有“三虾宴”的清爽，秋以“蟹宴”的丰腴慰藉食客，冬则以“青鱼宴”凝聚温情。

2015年，我被评为苏州市非物质文化遗产项目苏帮菜制作技艺代表性传承人。这份荣誉背后，是沉甸甸的责任。我常带领团队走访乡村，寻找濒临失传的老菜谱；在苏州市烹饪协会的活动中，推动“苏帮菜技艺进校园”，与苏州旅游与财经高等职业技术学校合作，将非遗课程纳入职教体系，培养年轻传承人。

作为苏帮菜非遗传承人，我深知传统需守正，亦需创新。我们研发新菜时，既挖掘《随园食单》等古籍中的古法，又融入西餐技法。例如，用鱼子酱点缀传统食材，以低温慢煮保留食材本味。这种“古为今用，洋为中用”的理念，让苏帮菜打破地域局限性，成为全国食客的“江南记忆”。

随着苏州飞速发展，餐饮人的目光也逐渐从经济发展转移到了精神文化的发展上。在看过了世界之后，我更坚定了做江南文化苏州菜的理念，从传承到创新，苏州菜越来越国际化。本土化、国际化两者并不相悖，在传承了好的技艺之后，把它作为土壤，不断创新理念、烹饪技法，菜品也就有了新的表达。

我生于苏州，长于苏州，耳濡目染间，自然流露出了对美食、书画、赏石的喜爱与追求。日积月累的浸润下，对江南、对文人生活的向往愈发根植于心，从而展现出一种随意而雅的、带有浓烈苏州特质的生活状态。

“美食”与“美术”在苏州话中同音，热爱书画好像也是水到渠成的一件事。不时不食，风物江南，苏州的一年四季都有数不清的特产美食，初春的腌笃鲜、塘鳢鱼，盛夏的三虾、枫镇大肉面，清秋的鸡头米、大闸蟹，寒冬的羊肉、熏青鱼。更不用提江南四时风景，美成了一首词，上阕是色香味，桂花香馅裹胡桃，江米如珠井水淘；下阕是诗情画，千里莺啼绿映红，水村山郭酒旗风。美食为美术的创作之源，美术成为美食的形意延伸，美美与共，美哉美哉。

如果说烹饪是我的生计，那么绘画则是我的灵魂栖息之地。我从初拾画笔，懵懂摸索，到拜入中国花鸟画大师吴冠南先生门下，成为其入室弟子，中间从未间断过绘画的练习。白天掌勺，夜晚伏案作画，这样的生活持续了数十年。吴先生教我“画如其人”，笔墨间需有格调与气韵，正如烹饪讲究色、香、味、形、器的和谐统一。

除了自我的努力与尝试，脚下的这片土地也是我

灵感的源泉。江南，自古便是中国文化的“诗意栖居地”。这里河网如织、园林密布，自然与人文交织成独特的文化景观。白居易笔下的“日出江花红胜火，春来江水绿如蓝”，不仅是对自然风光的咏叹，更隐喻了江南文化中“雅俗共赏”的审美内核——既有烟火市井的鲜活，又有文人雅士的超逸。明代以来，苏州成为江南文化的核心，文人雅集、园林造景、书画创作在此蓬勃生长。文人以“雅玩”为生活态度，将笔墨、器物、饮食与自然融为一体，形成了“诗书画印”兼修的文化传统。

这种文化土壤孕育了以沈周、文徵明、唐寅为代表的吴门画派。他们的作品以“书卷气”为魂，追求“以形写意”的文人画境界，强调笔墨的抒情性与意境的空灵。

我起初临摹与学习吴门画派的绘画风格，后来逐渐拥有了自我的审美意识。2020年，我在南京金陵美术馆举办“勺园绘事”个展，将烹饪与绘画的跨界思考融入丹青；2021年的“花盐巧语”双人展中，我尝试以食材为灵感，用笔墨勾勒四季风物；2023年在与老师吴冠南的联展中，我又将抽象化带入了传统风格中，探索别样的审美。直到2024年，我在寒山寺的“繁花”新作展，面向诸多看客，他们都给了我很多创作上的启发。

绘画让我学会“静”与“慢”，这种心境也潜移默化地影响了我的菜品设计：刀工如笔触，火候似墨韵。摆盘也讲究聚散和色彩搭配，正是对文人画“留白”与“意境”的借鉴。

与此同时，吴门画派“师古而不泥古”的精神也深植我心，在挖掘古法的烹饪时，又引入现代技法和食材，正如文徵明在细笔山水中融入生涩笔触，于严谨中见稚拙。这种“古为今用”的创新，让苏帮菜既保留传统韵味，又契合当代审美。

从沈周的墨松到江南雅厨的青鱼，从文徵明的书斋到江南雅厨的园林，吴门书画的精神始终流淌在江南文化的血脉中。这种精神不仅关乎技艺的传承，更是一种生活哲学的延续——在烟火与丹青间寻找平衡，在守正与创新中抵达永恒。

《勺园绘事》的书名，取自我的首次画展，亦是我对生活的注解——“勺”是烹饪之器，“园”是江南文化意象，“绘”是丹青笔墨，“事”则是艺术与人生的交织。这本书中，既有菜品创作心得，也有偶然习画随笔；既有对匠人精神的致敬，也有对年轻学徒的期许。

回望半生，我始终在两种身份的矛盾中寻找平衡：厨师与画家、传承者与创新者。有人问我如何兼顾，我的答案很简单——“用心”。烹饪时，心在灶台；作画时，心在纸墨。而两者的共通之处，皆是对美的追求、对文化的敬畏。

江南不是一个地方，也不是一个概念，它是流淌在苏州人血液里的文化基因。每个苏州人的心里都有一个江南，而且从小就有。我的所烹、所绘，不过都是一个引子罢了。

園冶

光影

後記

目录

序言

句间

繪境

事遠

句间

勺园绘事

金洪男

又名红南，字夏山，号江南雅厨，1972年3月生。

中国民主促进会会员
苏州市相城区政协常委
中国烹饪大师
中国烹饪协会主席团副主席
江苏省烹饪协会副会长
苏州市烹饪协会会长
非物质文化遗产苏帮菜制作技艺代表性传承人
苏州市美术家协会会员
民进苏州市委文化艺术委员会委员
苏州民进书画院特聘画师
相城区美协中国画花鸟艺委会主任
苏州大学特邀讲师
西交利物浦大学校外导师
中国花鸟画大师阳羡老藤花馆吴冠南先生入室弟子
苏州新梅华餐饮管理有限公司总经理

人生在世，吃喝二字。
若是悦己，玩乐而已。

吃喝『玩』乐

文/金洪男

人生在世，吃喝二字。

若是悦己，玩乐而已。

我想，这句话用在我身上再适合不过。“吃喝”是我的职业，厨子一枚。俗话说：“若要一天不得安，请客；若要一年不得安，盖房；若要一辈子不得安，娶妾。”这第一“不安”，我是避不了的了。“玩乐”是我的爱好——书与画。可以在“七荤八素”之余，搞点“五颜六色”。有幸，惬意。

书画，我当然是业余的，自认为是个能入点眼，但难入流的“画家”。毕竟，我以厨师入行、入世，算有一点小小成就。但无论是年少，还是现在，做点好吃的，画点有趣的，能从中有所得，也一直是自己比较欣慰的。毕竟，酒肉上桌，早晚穿肠过，笔墨上墙，还是能留下点精神来抖擞一下的。

掌勺和执笔，在我看来，分量一样，一样合我心意，也同样不容易。饮食和书画讲究起来，都是艺术和雅事，不讲究起来，也都免不了俗套和低级。因而，在给我的朋友们送去美食的同时，我一直坚持着菜肴的传承创新、悦己的涂鸦玩乐。

常有人问我，你这些画是为谁画的呢？可以说为自己画，为我的忠实食客们画，为我的亲友们画，为我的女儿们画。画，是我生活的点点滴滴，也算是内心的独白与写照。

中国人好吃，当属世界第一。我做菜，也算是肩负重任了。希望我的那点“吃喝大事”，在饱人口腹的同时，还能让大家吃出点新味；中国人又好雅，总不想太落俗。我故意为之的那点“弄墨小技”，希望在图自己快乐与舒心的同时，还能给大家带来点雅趣。

吃喝与玩乐，我定当孜孜不倦。

缘起丹青：申石伽先生与我的『静怡阁』书房

文／金洪男

我与书画家初有接触是在20世纪90年代的后期，却怎么也没有想到后来竟与书画收藏结下了不解的缘分。1997年前后，我还正在跟随师父学习烹饪，自己也已经有一点闲暇能够在工作之余到处走走了，太仓是我那时常去的地方，我与丹青结缘也是在那里。

我有一位同学是太仓人，他的父亲是娄东中国画名家陶震先生。陶先生曾受业于上海、西泠诸多大家，46岁经友人介绍师从申石伽先生学画，其间也经常求教于钱行健、徐子鹤诸先生。陶先生是一位颇有影响力的画家，作品远播中国香港、中国台湾，以及日本、美国等地。我的这位同学因为家学之便在太仓开了一家书画店，记得他的店里有唐云、亚明、申石伽等名家的作品。我当时并不懂什么书画，只是空了经常去他的家里或店里找他玩儿，在他那里也有机会碰到一些书画家。起初对他们聊的内容全然无解，时间久了也渐渐知道一二，但在当时也全然不是出于我的兴趣。

1998年秋天，我又到同学家里去找他，恰好遇到他家里来了杭州的客人，我进屋看到大家在书房画案前围坐着，中间是一位很年长的老先生，经人介绍才知道这位90多岁的老人正是他父亲的老师、著名画家申石伽先生。同学也向先生简单地介绍了我，我向前行礼问候罢，便在边上找位置坐了下来。席间，大家都在与申先生聊及书画方面的事情或是请教一些画画的问题，偶尔说一些家常冷暖，我坐在那里一直没有出声，只是听大家在说。申先生见我不讲话，便问我工作如何，家庭怎样，孩子多大、是男是女……我便也恭恭敬敬地一一作答。我看到先生虽已93岁高龄，但精神很好且面带微笑，虽然戴了眼镜，但是目光炯炯有神，由衷地生出敬畏之心。后来，先生应大家邀请，提笔书画示范了

静怡閣

一阵，顺便也给几位晚辈题写了一些作品(时隔多年，我已经不记得具体的内容了)。只记得先生写好了一幅隶书——“静怡阁”后，对我说：“小金，你家里是女儿，这个适合你！”这让当时毫无准备的我有点喜出望外，竟不知说了些什么感谢的话……

20多年光阴，我从烹饪的道路上一路走来，越来越感受到做一道菜与创作一件艺术品之间有太多的相通相近之处，从技巧到情感，最终如“庖丁解牛”近乎道。于是，自己慢慢也开始在闲暇之时经常去拜访一些书画家，并开始向他们学习书法、画画，也与一些朋友开始学习一些书画收藏方面的知识。时间久了便越来越着迷，家中的书房也成了我在工作之余最乐于待着的空间，与纸与墨的交流常常会到深夜，而申先生为我题写的“静怡阁”也便成为我的斋号了。书画艺术对于我而

言，不仅丰富了我的生活，在我研究苏帮菜与苏式点心的创新和文化内涵方面，也给我提供了许多重要的灵感。这些年，我也因此取得了一些苏帮菜创新方面的成绩，新梅华也因打造艺术与餐饮相融合的文化氛围广受好评。而许多朋友和餐饮界的同行们更是把我当成了书画家，还常常在各种场合向我索求字画。这让我或多或少受宠若惊，并让我更加心感压力！除了兢兢业业地把自己的本职工作做好，我还要更加努力地笔耕不辍、不断进取！

每当夜深人静的时候，我独自在书房看到申石伽先生题写的“静怡阁”三个字，苍劲有力而不失气韵风雅。虽然斯人已逝，而先生的风度依然留在我心中，现在回想：当年那一次不经意的邂逅竟然成为我与丹青结缘之始了。

情人糕

文／金洪男

有些美食，不是用来果腹充饥的，也不是用来大快朵颐的，是让你细嚼品味，让你牵肠挂肚的。

苏州的糕可以说平常到遍布每家每户、街头街尾。苏州人熟悉苏州的糕，熟悉每一种糕的名字、样子和味道。这种熟悉留于味蕾，深入记忆，流转在岁月里，似乎已经很难有所突破了。既要唤起苏州人对糕固有的情结与记忆，又要让其获取到崭新的味道和印象，太难了。因为苏州人对吃太“挑剔”：要好看，还要好吃。好看是精致可人，赏心悦目；好吃是要有“旧时的滋味，别样的感受”。

初见江南雅厨的“情人糕”，可人到不忍动筷：脂体一粉一玉白，金桂落于其上，交错两色卧于盘中。口感也可任人挑剔：绵而不腻，七分糯中三分粘，入口细柔，于唇齿间竟恰到好处地留有一缕酒香，可谓好看又好吃。加之“情人糕”的“情人”二字，恰如其分，点旨到位，如今又令人浮想联翩。

这让我想起《红楼梦》里见过的一道江南小点“藕粉桂糖糕”，这款糕用的是江南特产藕粉，调了鲜牛奶，面粉发酵，和着桂花糖，撒上当季的桂花，也是不错的美食，但与“情人糕”相比，却逊色在那“一点点”上：少了一点点酒韵绵香，少了一点点精巧细作，少了一点点恰到好处，少了一点点情调。

其实大观园里的食物之多，因四季十二月，时时出新，样样不同，便容易没了吃的兴致，乏些品的意趣。好在，我们不会如此。能身体力行者，必身心共鸣。我们更容易懂得一道美食的用心之道：因时因地取材，因人因景而在。

于旧有的制作和风味上稍许用心一点，用情一点，与时俱进一些，别出心裁一些，那么入味于一道这样的小点，再好不过了。糕不过小小一块，吃不过两口三下，但江南雅厨的雅，在精细于味，匠心于道。

江南秀美，好物丰厚，江南人聪慧，苏州人雅趣，就从这一块小小的糕点开始吧！

江南秀美，好物丰厚，江南人聪慧，苏州人雅趣，就从这一块小小的糕点开始吧！

『炒』吵闹闹

文/金洪男

我和单董成为合伙人已经20多年了，我们的经历几乎就是新梅华品牌的发展缩影。标题叫“‘炒’吵闹闹”，“炒”很好理解，就是炒菜，另一个“吵”则是我们之间隔三差五的争论。

这种争论是围绕着具体事件的，是不伤和气的，是自己和另一个自己在争吵，为了更大的进步，也有一些趣味性在里面。这些年新梅华的招牌底下，藏着不少我们摔碎的手机、拍变形的报表本，连后厨的灶王爷见了都得摇头：“这俩活祖宗，吵起来比爆炒腰花还呛人！”

近些年已经吵得比较少了，在之前我们还年轻气盛的时候，太仓店刚刚起步，我们为了一些运营的琐事，气无处发泄，经常吵得摔手机，那两年可能摔坏了5部手机都不止。到现在我们太仓店的老员工还能记得当时的场景，他们说当时吓得都不敢说话，没想到第二天上班看到我们又和和气气地在沟通了。这是我和单董的默契。

人和人之间总是会存在不同之处，尤其在文化上。老苏州茶酒楼的项目，是我们2024年最重要的项目之一，因为关于这家有着深厚历史文化底蕴的店，我和单董在很多方面都有分歧。我因为身担着苏帮菜非遗传承人的责任，希望这家店更传统一些，保留陆文夫先生当年的味道。单董则坚持当代的审美，她认为应该紧跟时代变化而发展。归根到底是因为文化冲突，我们的成长和经历不同，看法当然会不一样，这都是正常的过程，彼此都心知肚明。最终结果都很满意，我们总是在“炒”吵闹闹之间把事情磨得更好。

要说我俩最不像合伙人的地方，大概就是书房。我这儿堆着生宣徽墨，她那边摆满油画刮刀。有回为新店装修较劲，我指着效果图上的留白处说：“这儿得添几笔枯山水。”她抓起图纸唰唰几笔：“空白不是让你画符，是要给光影留呼吸！”

这两种中西不同的审美爱好，也给了各个品牌不同的调性，每每开新店都让人觉得耳目一新。这家店总能在之前的基础上更升级，这是不断磨合的结果。

前些天巡店路过观前街，看见俩年轻小伙蹲在火锅店门口拌嘴。一人气得直跺脚：“你能不能别总跟我对着干？”另一人则嬉皮笑脸：“不对着干怎么生出第三个主意？”

这场景多像20年前年轻气盛的我们，只不过现在早就不摔手机了——改为互不理睬，共同冷静。倒是新来的“00后”店长紧张兮兮地来劝和，在微信群里搬救兵。

谁让他不懂，这噼里啪啦炸锅的动静，才是新梅华灶台上最旺的火候。

雅香

单正

50cm×40cm

油画

花非花

单正

60cm×50cm

油画

厨心不改 急火慢炖

文/单正

老金要出书了，作为合伙人必须得说点什么。

我认识老金的时候，他还是小金，给我的第一印象就是爱干净，每天的衣服都是干干净净的。别的厨师一个人两三套衣服换着穿就可以了，但他大概10套都不止。用他的话来说，如果一个厨师连自己的整洁都做不到，怎么可能做好菜呢？一直到现在，每每到店里，所到之处，没有一点垃圾能逃过他的眼睛。其实这就是讲究，卫生讲究，做菜更不马虎。原材料必须是好的，不合格的绝对不能进厨房，颜色、改刀、收汁、装盆，每个细节都不能含糊。

若说对小金的初印象，除了那份近乎偏执的整洁，还不得不提他的速度。他在做总厨的时候，经常需要给客人配菜开菜单，后厨里锅碗瓢盆叮当作响，他却总能在油烟翻腾中气定神闲，手写菜单几十秒就成。旁人还在琢磨食材搭配，他脑子里早已把整套菜单的荤素、原料、做法及装盘呈现都构思妥当。在手机还不流行的年代，他有一本随身携带的小本子，用来记录脑子里的“灵光一现”。他在任何时候都会保持学习的状态，用他自己的方式去记录，比如初春的时节，他早已想好夏天应该更新哪些菜品。这也不能怪他每次例会时，都会对后厨的负责人员说：“下期菜单早就可以准备好了，还需要我来催？”因为他对自己一向要求如此。

和金总合作的这些年，最打动我的就是他骨子里的“真”。

作为专业大厨，食材永远摆在第一位，他对食材的选择和验收，从品牌、口味、做法到最终呈现，都是极高标准的要求。供应商经常会跟采购人员叫苦，说给我们送的货是一点儿马虎都不行，试菜时稍有不对都会被退货。餐饮行当水深，多少人栽在“差不多就行”上，偏他像块活化石，守着最朴实的道理——货真价实，才是立身之本。

要说老金的朋友圈，那真叫个“百花齐放”。上到书画名家，下到菜场摆摊的农村阿姨，他都能聊得热络。有回见他和做园艺的匠人蹲在水池边研究，半小时后竟琢磨出用花窗纹样摆盘。我曾打趣他是“百搭”好友，他却认真得很：“舍得舍得，要舍忘记得。”这其中是有大智慧的。

这两年，我明显感觉老金脾气更急了。有次周巡店会议，负责门店的小伙子支支吾吾说不清备货量，他当场把桌子拍得震天响：“你每天都在店里工作，这个最基本的数据都不能掌握！怎么做一个管理人员？”散会后，他却单独把小伙子喊出去，了解他的工作流程、关心他的家庭情况，苦口婆心地把做事道理、方法一一说明。

其实我懂他的焦虑，从单店的总厨到公司的合伙人，分管门店的运营，再到苏帮菜制作技艺非遗传承人，他肩上担着是员工和消费者的信任，更重要的是承担着苏州菜发展的重任。急，是恨不得把30多年功力掰碎了喂给团队；躁，是看不得心血被怠慢。

倒是他的审美越发有意思了。除了之前对中式传统的喜爱，现如今他对中西方艺术的融会贯通，在菜品设计和绘画领域均有体现。有回听他把一道菜和名家书画作对比，我忽然觉得，他哪儿是在搞餐饮，分明是把后厨当画室，锅铲作画笔，硬生生炒出了水墨丹青的意境。

如今翻看他新书样稿，那些字句活脱脱就是老金本人：做事时像炒一盘清溜虾仁毫不拖拉，谈美食又似文火炖五件子般绵长。合上书页，恍惚看见30年前那个厨师少年，在烟火缭绕中把每个日子都烹得滋滋作响。

SUZHOU 雅厨美食学院

拜访吴冠南老师

文／金洪男

苏州西抱太湖，北临长江，京杭大运河绕城而过，自古便是舟车辐辏之地，经贸往来不息，百业繁荣兴盛。才子佳人对此地多有眷顾，诗、文、书、画，歌咏之作不胜枚举，名篇词句、丹青水墨间，满溢江南地灵人杰之气。

江南的雅，既显于文房案桌之上，亦铺展于世俗烟火之中。著名画家张大千先生一生都把烹饪当作一门艺术来追求，在他眼里，一个真正的厨师和画家一样都是艺术家，我深以为然。

艺术是相通的，食分五味，墨分五色，学艺的方式合该是一样的。如果说我在烹饪创新上的努力体现在一次次试菜、后厨会议中，那么对于绘画的坚持，则表现在每天早晨5点起床作画，数年间从未间断。

提到绘画，我最喜欢说的便是："我是吴冠南先生的弟子。"这句话的分量，熟悉书画圈的人都知晓。吴冠南先生，1950年生，江苏宜兴人。1962年步入画道，初学《芥子园画谱》，后学吴昌硕，旁涉黄宾虹、齐白石。精于写意花鸟画。数十年来在各种媒体发表大量作品及论文，多次参加大型学术提名展、双年展。如今致力于本土传统文化艺术的拓展与创新。现为江苏省国画院艺委会委员、陕西国画院名誉院长、中国美术家协会会员、国家一级美术师。

我时常带着最新画作去拜访吴老先生，每次都怀着小时候考试的忐忑心情，等待老师的评价和指导。这次，吴老先生称赞："蛮好的，越画越大气！"可把我乐坏了，直到第二天还逢人就说，自己被老师肯定了，像考了高分一样雀跃。

2023年冬季，吴冠南先生还和我、夏回老师在苏州高新区国画院举办联展，我为此事期待、紧张了许久，最终交出了自己满意的答卷。

（从左到右）夏回、单正、吴冠南夫人、金洪男、阿丁、蒋琰滨、吕锋平、吴冠南、易都

（从左到右）单正、吴冠南夫人、吴冠南、夏回、金洪男

艺术是相通的，食分五味，墨分五色，学艺的方式合该是一样的。

太仓店：两代餐饮人的用心之作

文／金洪男

苏州太仓，因春秋时期吴王置仓于此而得名，是一个风景秀丽、人文历史悠久的好地方。

2004年，新梅华大酒店（太仓店）开业，位于太仓市城厢镇人民南路，地理位置优越，整个酒店是独立一幢楼，共4层，拥有可容纳220人的宴会厅及多间VIP包厢，承接婚宴、寿宴、百日宴、年夜饭等各类宴会。那时单三男先生是酒店老板，主营苏州菜点，菜品精致细腻，受到市民朋友们的喜爱，引领时尚风潮。我是当时的餐厅厨师长，加强了菜品研发技术，也带来了更多人文发展的底蕴。

2023年，门店装修升级，全面焕新，融入更多苏州非遗元素。硬件方面，墙纸、灯光、包厢门和公共设施等，均对标品质餐饮，进行升级改造。软装方面，我喜欢在转角给用餐客人增添小惊喜，放置了许多石头、条几、插花、书籍等摆件，让餐厅更具艺术气息。每一幅画都轮番定位，确保审美统一。

此外，我还非常重视广告宣传，大致样子落成后就让推广部到店拍摄，提出了“两代餐饮人的传承”概念，兼职了编导的一部分工作，让公司的摄影小哥拍得更有方向感。

苏州新梅华餐饮管理有限公司从1989年创立至今，承载了两代餐饮人和广大员工的心血，经典传承，品质臻选，服务至上。正是有这么多勇于坚持，不畏困难的餐饮人，以及不断涌入的新鲜血液，品牌才得以保持活力，不断创新。

或许只有从心底热爱一件事，才会用心去做，才能有无穷的力量不断推着你前行。

采访随笔

文/金洪男

作为苏州市烹饪协会会长、新梅华餐饮管理有限公司总经理，我时常接到采访邀请，但随着时间的推移，即使是同样的问题，因为当下的心境和际遇不同，也会有不同的回答。

本次来采访的是一个自媒体团队，是一群“95后”的小年轻，现场很活跃，他们勘景时，喜欢艺术收藏馆的露天小院子，也偏爱咖啡厅现代化的陈列，我喜欢这样的氛围。

“初三看了一部大厨故事电影。”如今已忘了电影名字的我，就在那时立下做大厨的“雄心壮志”。“祖祖辈辈和厨师不搭界”的我，16岁考入烹饪专业，从此走上厨艺人生。关于餐厅定位，我强调说，你是谁，你的个性是什么，这点尤其重要，好的餐厅不一定面面俱到，但要有自己的特性。就像演员一样，在大屏幕上亮相，要有让人记得住的、和其他人区别开的特点。

新梅华主营苏州菜，是否选择“走出去”是大家都关心的问题。我回答道，至少今年是不会考虑“走出去”，明年暂且不知道。“走出去”当然有很多好处，对品牌影响力的加持，增强苏州菜在全国菜系中的影响力等，最重要的还是对餐饮管理人员的眼界开拓，就像画画一样，“眼到手不到”没关系，需要知道什么样的餐厅是好的，即使当下的自己做不到，也是有益处的。但一家企业的“走出去”，面临着方方面面的考验，我现下尚不能给出一个答复，但把苏州的美术和美食结合得更好，把苏州的文化推广出去，这一决心是不会变的。

随着采访的深入，我提到前几年尝试过开西餐店、做川菜馆的经历，即使这些都因为各种原因关闭了，但这不能算走弯路，这是“无用之用”，很多东西你在当时看不出影响，其实这些经历让我们学习了西餐的装盘，学习了川菜的江湖气，都会反哺给我，在日后产生正向反馈，都是难得的经验。

最后，主持人提到说：“坚持这么多年很不容易……”我毫不犹豫接话说：“不要用‘坚持’吧，我是热爱，为了热爱的事做什么都可以。”或许只有从心底热爱一件事，才会用心去做，才能有无穷的力量不断推着你前行。

（从左到右）杨云华、王波、傅俐吉、徐浩哲、金洪男、郭会斌、杨晓峰、朱耀宗、孙永祥、徐招

南昌、广东考察学习之旅

文／金洪男

南昌之行

随着苏州飞速发展，苏州人的目光也逐渐从经济发展转移到了精神文化的发展上，餐饮的发展也是其中的缩影。新梅华作为苏州本土品牌，目光没有局限于苏州，我们先后去全国各地进行考察、学习，每年都会带团队不定期出行。温润初秋，我这次来到了江西南昌，随行的是江南雅厨和新梅华·姑苏食景图品牌的前厅、后厨督查们。

南昌，因“昌大南疆、南方昌盛”而得名，“初唐四杰”之一王勃在《滕王阁序》中称其为“物华天宝，人杰地灵”之地。沿着赣江，我们首站来到了供应商仓库，嘟嘟姐是合作了十几年的老朋友了，她形容江西菜是“辣椒比肉好吃”。面对满桌的农产品原材料，辣椒、麻鸡、荞头、江西特色珍珠白玉丸，我逐个了解采摘工艺、品质，同时在脑海里快速寻找苏州菜可以融合的特色，用于创新菜品更迭。

随后，趁着天色尚早，我们参观了3家餐饮企业。名厨世家·沁园，坐落于市中心地带，泰式风格建筑，作为一家社会餐饮店，点菜区琳琅满目。云境生态园，主打管家式服务，占地60亩，需要坐摆渡观光车，着实让人印象深刻。最后来到“炉忆家宴”，专业厨师团队打造，总厨说他们是“代表江西，款待世界”。菜品质量高，《后汉书》中的《豫章记》称江西“嘉蔬精稻，擅味八方”。清代袁枚的《随园食单》中曾记载江西名菜“粉蒸肉”。当今的赣菜，是在继承历代“文人菜”基础上发展而成的乡土味极浓的“家乡菜”，接地气的同时，保留了历史风味。

都说江浙饮食注重食材本味，强调吃“鲜”，其实紧邻浙江的江西也是如此，只不过，辣依旧是赣菜不可或缺的一部分，因此，在许多菜式的表达上，这鲜，就成了“鲜辣”。

最具盛名的“余干辣椒”出自江西上饶，余干辣椒皮薄肉细，口味一流，曾在国际辣椒博览会上以每公斤200元的价格一举夺得最贵辣椒头衔，一道看似普通的“辣椒炒肉”更是跻身十大赣菜之一。江西坐拥中国第一大淡水湖鄱阳湖，新鲜水产丰富，鱼质鲜美。烹制时加入辣椒的作用是把鲜味激荡得更悠长，要保留鲜味，需得在火候和其他调味上严谨些。

南昌地处豫章平原，文化上最能代表江西，饮食上自然也是调和了四方不同口味的。吃遍“襟三江而带五湖，控蛮荆而引瓯越”的南昌，也算掌握了江西之辣的基本格局。

广东之行

约莫15年前，我就曾来广州荔湾鹅公村品尝美食，当年坐着公交车一路到终点站，来到鹅公村，吃到了让我至今印象深刻的菜品。这次故地重游，当年的小店已经成长为荣获“米其林餐盘奖”的知名品牌，点了一桌的鹅宴——鹅肠、鹅肉、鹅汤、鹅头、鹅血，吃得尽兴而归。记忆里的美味再现，也有不一样的体验。

来广东怎么会不到顺德？毕竟出了顺德无好食，这是顺德人的共识，“食在广州，味在顺德”。任何一地的美食，都离不开本土的山水。顺德，坐落在珠江三角洲冲积平原上，自古就是有名的“鱼米之乡”。16条主要河道日夜奔腾不息，造就了顺德河流纵横、水网交织的城市面貌，水域面积占到37.4%，所谓“出门三步水，入村四处塘”。

在顺德大良老街的“民信老铺”里，对着满满一桌的双皮奶，脑海中不断在思考老苏州茶酒楼的四大品牌构想：苏式早茶，苏州人早起必吃的一碗头汤面，还有馄饨、点心等，开启甜蜜的一天；老苏州茶酒楼三餐，由小说《美食家》的作者陆文夫创立，专做特色苏州菜，成为苏州对外推开的一个美食窗口；苏州茶馆店，到了下午“吃茶”去，泡一壶唐朝就有的白云泉水，喝一口千年不变的滋味；美食家爱的夜宵，熝卤佐酒，快乐无忧，承包苏州人一整天的惬意生活。

多个品牌构想在不断修正、增添新的内容，丰富其内涵的同时，也在进行新的尝试。说做就做一向是我的脾气，门店选址、广告概念、菜品内容、服务理念，等待最终面向市场的检验，这个过程既焦虑又富有成就感，构成我大部分的工作日常。

如果说广州哪个地方最值得流连，我或许会选白天鹅酒店。早茶、面包坊、玉堂春暖，我一日三餐都在白天鹅，早茶"天花板"自不用说，对着珠江吃广式早茶，想想都是一种享受。酒店3楼的"玉堂春暖"，米其林一星、黑珍珠三钻餐厅，被称为"一生必吃一次"的美味。总厨利树钧在白天鹅工作40余年，将酒店人的坚持和专业表现得淋漓尽致。

利师傅听闻我来，特地来现场开菜单，将每一道菜品值得吃的理由说明，同时关照后厨注意做法，尽量给我们小份但多品种，以满足味蕾，相当严谨专业。

尽管餐厅晚上很忙，利师傅依然来了4—5次，讲解菜品做法，他甚至现场拿了茄子，给我们展示他从佛山盐步一个小镇上淘来的美味。这个茄子很软，弯钩形状，当地人称之为"观音手指"，因为茄子性属寒凉，所以菜品中加了胡椒面，既体现地方特色，又好吃好看。对于餐厅门口满满当当的奖牌，利师傅说："浮云来的，都不用看。"实乃妙人也。

本次广州站之行的最后，我们来到了海鲜供应商的仓库，现场满地的"燕鲍翅"，给了大家一些小小的震撼。花胶、燕窝、鲍鱼、鱼翅、海参、菌菇等琳琅满目，原料地具有品质好、价格低的优势，不久的将来，江南雅厨又将更新一批优质的海鲜菜品。

看过了外面的世界，越发觉得还得继续深挖江南文化，我始终坚持无论是做餐饮还是做其他的，一定要有自己的特色，有标识感，可以把自家和其他品牌区别开。不要一味地去追求大众普遍认可的审美或内容，一定要坚持自己所长。餐饮文化本身没有高下之分，农家乐也可以做得非常好，只要有自身特色，所谓最本土、最江南、最世界。

烟台印象

文/金洪男

前些天参加我小女儿的大学活动，我意外结识了佳岛海参品牌的姜总。在交流孩子教育话题之余，她盛情邀请我们到烟台感受当地的海鲜文化。

佳岛，烟台十大海参品牌之一，100多家五星级品质酒店的臻选品牌。出火车站后，我们直奔乳山海参养殖基地，久居城市的人很久没有见到纯粹的乡间和大海，成片的芦苇、岸边礁石和低矮的瓦房构成了我对烟台的初印象。

大海对于渔民的意义，或许不止是生计来源。渔民夜枕潮汐，每日迎着天光满载而归，对他们而言，海洋既是馈赠也是挑战。

晚上来到程伟华大师的工作室。程伟华先生是2000年首批中国烹饪大师名师、中国鲁菜特级大师、省级非遗传承人，70多岁依然心系鲁菜传承，录制300多期鲁菜教学节目，非常有责任感和传承精神。

晚宴现场，高速建大师现场展示手拉海参绝活，他是吉尼斯世界纪录保持者，可以将海参皮拉得薄如蝉翼。这一绝活除了因为大师手上功夫厉害，海参的品质也很重要。

第二天来到佳岛海参参观学习，被公司的专业度、对市场的敏锐度和整体团队的热爱氛围所感染。品牌历经三代人的传承，整个工厂引入了不少现代化设备，顺应机器代替简单人工的必然趋势，为了满足客户需求，开发了很多额外的产线，还做定制化销售对接等。在进行企业介绍时，可以感受到员工对公司的情感，确实是怀着热爱在做一件事，这很难得。

中午去了昆嵛山，程伟华大师在山中的宅子，尝山里的味道。在诸多朋友的见证下，签署了烟台市、苏州市烹饪协会友好合作协议。晚上在碧海酒店，感受到了国企的尝试与突破，非常之卷。“人生百宴”“管家式服务”“一站式婚宴”，他们对各种宴席的熟悉程度、对自己研发菜品的推广程度，都值得学习。

最后一站，我们来到烟台最大的海鲜批发市场——九田海鲜市场，凌晨1点营业，早上6点多收摊，辛苦是最直观的感受。整个市场很大，摆满了大大小小的摊位，有固定店面，也有中庭的流动摊位，很多都是一家老小来帮忙处理事务，大家围坐着，地上散落着无数的贝壳。

这里有着线上购物无法获得的观感，产品被陈列，价目表通红，有序、直观又忙乱。暖黄的灯光打满整个市场。

不知从何时开始，每个城市除了自然风光、人文古迹外，菜市场也成为热门旅游地。苏州的双塔菜市场就是其中之一。明明现在的年轻人都喜欢网上买菜，但去别的城市旅游仍喜欢逛一逛菜市场，也是奇怪的现象。但不可否认的是，菜市场的确有治愈人心的作用，看着整齐新鲜的瓜果美味，会觉得人间烟火尽在其间。

園冶
勺园绘事

雅厨

文／若三

《孟子》载“君子远庖厨”，可民以食为天，庖厨实在是远不得的。故而，中国菜越来越丰富，还形成了多种流派，显现不同“庖厨”的烹制技艺和多样的菜肴风味。苏州，在历经两千五百余年吴文化的浸润后，它孕育的苏州菜成了一方风味。这当然离不开代代传承与创新的苏州厨人们。

苏州菜从春秋时期的炙鱼、脍鱼、黄鱼鲞开始，到晋时的莼羹鲈脍、隋时的金齑玉脍……苏州的厨人不断创新，留下的风味亦成为历史的一部分，可以感受到春秋烽火硝烟、魏晋风度、隋唐繁华，宋元的丰富，直到明清时期苏州菜日趋成熟，成为一方风味。然而，那些创造了苏州饮食文化的厨师，留下经典菜宴的厨人们，人们只能透过风味，去遥思他们的创造心迹。

有幸的是，金洪男，这位当下的苏州厨人和餐饮业的拓展者，似乎可以让人们触摸到一些信息，领略“油腻”的厨者与高雅的艺术创造者，看似跨界的两辙，却还是会有交集。特别是在当下创新发展的大趋势下，如何新而有基，创而有宗，显现出文化的特质，是值得“品味”一番的。

心迹与足迹

心迹是人的真实想法，常常隐于内而不扬于外。但可以通过外在的现象，去触摸、去感受，然后让人们有所领悟，有所启示。对于心迹的触摸，不是去窥探人的隐私，是大大方方地以求索的姿态，去把握事物，总结经验。《周易》称“立象以尽意”，外在的现象，包括人的行为方式，是能够展现人的内在心迹与意识的。

人的心迹是在主观、客观因素的共同作用下形成的。借用陆文夫《姑苏菜艺》中写的意思：“这吃和各人的环境、习性、经历、文化水平等都有关系。”所在地域的文化熏陶，是一方土地的文化基因，客观上，自觉、不自觉地综合影响着厨人，并形成相应的行为习惯和生活方式。人们选择的行业与经历，也在客观上影响着人的主观意识，并进一步影响着人的心迹和生活方式的选择。

金洪男老家

金洪男（第二排右4）上学时期合照

金洪男出生于浒关镇，它位于苏州城西北，水陆交通通畅。这是中国大运河沿线的一个古镇，明代为全国七大钞关之一。曾是苏州著名的米豆市场，桑蚕种子产量曾占全国的五分之一，有蔺草草席市场等，商贸兴盛。1912年，江苏省女子蚕业学堂从上海迁来，带来的现代文化气息影响着镇上的人们。粉墙黛瓦，枕河人家分居两岸，宋时的北津桥、明时的南津桥等百余座大小石桥，连通着江南水乡。这样平静而稳定的生活，是会让人沾上一点江南柔缓的雅气的。

20世纪90年代，金洪男进入苏州市旅游学校（即今苏州旅游与财经高等职业技术学校）烹饪专业学习。一方面，烹饪、餐饮成为金洪男未来职业的一个方向。学理论、学知识、学技艺，并进入社会从业，这一条非常顺畅的道只是一个方面。另一方面，苏州城中凝聚的文化气息，那些园林、丝绸、刺绣、书画、评弹……是能够让人愿意在其中沉睡不醒的。传统中的典雅、文雅，无时无刻不让金洪男在精神、艺术的空间，领略自身的成长与丰沛。

爱好与雅厨

金洪男现在的身份有点多元，厨者、绘者、股东、会长，除了绘者，其他的都还算在烹饪餐饮业内。我曾听他表姐说过，金洪男从小喜欢画画，而且一直在画。于是，你不得不想到生存与爱好的问题。厨事是生存，绘画是爱好。厨事是责任，它联系着家庭、企业、行业诸事；爱好是什么？张岱《陶庵梦忆》称“人无癖不可与交，以其无深情也”，热爱应该是一份至深的自我情感。

生活中，人们常常会忽略一些过程性的东西。金洪男的绘画只是绘事吗？是，亦不是。你可以看到具体的一幅幅金洪男的画作，所忽略的是在这些画作的产生中，绘画艺术对于烹饪、菜肴的反哺。只看到他从厨师、厨师长、行政总厨……这样一步步走来，看着他参加烹饪比赛、餐饮展示，斩金夺银的获奖过程，以及餐饮企业内设计菜宴，提高菜品质量的点滴。而在盐、糖、酱、醋的调味与炖、焖、煨、焐、炒、爆、熘、氽的时候，忽略了他已将空间、结构、颜色、明暗、块面、线条……属于绘画艺术的方方面面，默默地融入原料、配菜、刀面、烹饪、装盆、宴席之中。这有点像陆游所说的“汝果欲学诗，工夫在诗外”的意思，厨艺也需要多种养分，厨外的绘画艺术犹如诗外的工夫，金洪男在一份对画的痴情里，出入厨绘两界，游刃其间的身影，烟火气也带着些优雅。

那年，金洪男与他的合伙人开设了江南雅厨，这是不是一种宣言式的告知和经营定位？江南，特别是苏州，翻开一册明人文震亨的《长物志》，便可领略春花秋月、厅堂楼阁、琴棋书画、花鸟鱼虫，都是苏州的雅事。那时，苏州的服饰引领，厨师争邀，得菜一叹，风雅的苏式生活积淀为苏州文化之一，在适当的时候，也泛起了金洪男对于当下饮食文化追求的涟漪。“将园林意境移入餐饮空间，体味园林中的苏州菜”，这是金洪男在新梅华工业园区总部（现搬迁）曾与我说过的一种想法。如今，园林一般的江南雅厨，已有门店获得“黑珍珠”钻级认定。不得不说，真正的践行者，多少带着一份超越寻常的秉性，也会在成功的光环里，留下一点云淡风轻的超然。

雅厨与厨事

人们已将金洪男归为雅厨之列，这是苏州的幸运。有这么一位如此无私地让人追赶、让人参照、让人“剖析”的厨人，厨事自然会身影难离。

雅是什么？常常只能从文化属性来论道，文雅、清雅、淡雅、高雅、典雅、古雅……雅致、雅兴、雅观、雅量……每一项都是综合性的文化腔调，有点难以言说，却能感知。

苏州菜的特色之一，是要体现苏州菜的“雅”，其基点是什么？绘画艺术中有气韵生动的命题，大意是“艺术作品体现宇宙万物的气势和人的精神气质、风致韵度，达到自然生动，充分显示其生命力和感染力的美学境界”。从苏州饮食文化的角度看，菜肴之雅，大致是做成一种回归自然，而又让人喜悦舒适的精致品质。苏州四季变化的气候条件，丰富而多样的优质地产食材，以不时不食、好食时新、崇尚本味的饮食文化，铺展于人们的味蕾上，因而，饮食与自然之间的距离应该是较近的，是在四季、时令的时间段落里，带着泥土与水花的蔬果鱼虾。同时，又是要有韵致和感染力，色、香、味、型、器、意等，除了刀工、火候等厨艺，金洪男于绘画艺术中获得的美学陶冶，自觉不自觉地融入并助力“雅”味的形成，这已在大众的点评中得到认可。

雅厨之难，其中之一有消费与时代的变化多样。当下的消费者见多识广，尝过了国内外的多种风味，即便是苏州菜这一地域性风味，也要求“变”，要不时出新。当看到金洪男时不时北上南下、港澳遛弯、国外打转时，更要知道金洪男可能已尝过多家餐馆的经典菜肴，在他回到苏州时，如蜜蜂一样，带着一肚沉甸甸的蜂蜜，用苏帮菜的文化之酶，萃取着多元文化的饮食营养，来打造苏州的新菜品。久之，以至于新品迭出时，苏州的美食老饕抱怨，上次那个好吃的菜想再吃，又有了新菜。对于新菜，金洪男的态度是，谁都可以前来学习、借鉴，这是他身为苏州市烹饪协会会长的一种格

艺术作品体现宇宙万物的气势和人的精神气质、风致韵度，达到自然生动，充分显示其生命力和感染力的美学境界。

局。同时，也是作为苏州市非物质文化遗产项目苏帮菜制作技艺代表性传承人的积极探索、实践与创新，他愿意与同行、业者和文化之友探讨、交流各自的心得。

金洪男常以“玩”来描述他现在的厨事绘事，他说：“书画，我当然是业余的……但无论是年少，还是现在，做点好吃的，画点有趣的，能从中有所得，也一直是自己比较欣慰的。毕竟，酒肉上桌，早晚穿肠过，笔墨上墙，还是能留下点精神来抖擞一下的。”我瞬间觉得，雅，还与禅有关系；与南朝画家宗炳的澄怀味象也有点接近。面对着自己做成的美食，忽然大彻大悟，去追求精神的洞明。若真如此，这世间谁来做雅厨呢？

玩，可以认为是追求雅趣的一种形式，是提升生活品质的一种方式。同时，玩也可被认为是有意识地远离，通过远观自己的立身工作，从更大的时空中汲取更多的文化营养，为苏州菜注入更多的“雅”的文化特质，雅厨的玩，岂不是非常的励志？

洪男的餐桌绘本

文/胡建国

金洪男，熟识他的人亲切地称呼他为洪男。他厨师科班出身，是新梅华餐饮管理有限公司总经理。洪男生性聪颖，对烹饪满怀热忱，师从苏帮菜名厨潜心学艺。年轻时候的洪男便展露出烹饪艺术天赋，他曾在烹饪国赛中一口气制作十条小松鼠鳜鱼，将这十条鱼摆成“松鼠鳜鱼食景图”，松鼠多姿，栩栩如生，一菜成景，引得评委们纷纷注目，赞不绝口。

洪男曾对我说，他从小喜欢绘画，学了烹饪专业后，与绘画擦肩而过。然而，洪男与绘画终是有缘的，在送女儿金晓琪上绘画兴趣班期间，洪男开始习画，习作得到教女儿的美术老师的赞扬，被激发了学习绘画的动力，从此走上绘画之路。

在洪男的艺术世界中，美食和美术是一回事，齐头并进。洪男今天所取得的成就离不开两位贵人，一位是饮食文化专家、苏州市烹饪协会原会长华永根，老会长慧眼识才，纳其入门下，洪男不负师望，接任烹饪协会会长，现是苏州市非物质文化遗产项目苏帮菜制作技艺代表性传承人，成为苏帮菜新一代掌门人。洪男事业上的另一位贵人是国家一级美术师、画家吴冠南，洪男拜其为师，刻苦习画，画艺日益精进，成为苏州画坛冉冉升起的一颗新星。

凭借绘画艺术功底的巧妙助力，洪男的厨艺正悄然实现从“吴门画风”到“江南绘厨”的奇妙跨界创新之旅。我经常受邀参加洪男举办的宴会品鉴活动，从宴饮环境、席面铺陈到菜品呈现，都投射出他的餐饮美学设计理念，体现在“味合五色”的美食中。美食的一大精妙境界就在于色彩与味道相互映衬、彼此成就，这是厨师追寻的厨艺高地。洪男在绘与厨的双向奔赴交汇处变身“绘厨”，闪耀厨坛。碧螺春茶熏牛肋骨，碧螺春茶在热力助推下，化作缕缕茶烟，悠悠萦绕，熏香了牛肋骨，把那牛肋骨治得浓油赤酱，色泽醇厚，静卧于炸得棕黄酥脆的茶树菇“丛”中，牛肋骨面上，翠绿的葱花星星点点，嫩黄的松子仁散落其间，仿若春寒料峭时破土而出的鲜嫩春芽，菜肴瞬间春韵灵动，让人唇齿未动，心已沉醉。蟹肉鱼子酱色拉，雪白的蟹肉与金黄的鱼子酱相互映衬，构成了色拉的黄白对比色调，鱼蟹双鲜合璧，散发出勾人的食欲魅力，红、绿、灰三色辅料恰到好处地点缀其中，活色生香，中西美味的邂逅，在

在深耕苏州美食传统文化的园地里，洪男以刀勺为笔，锅盘为纸，勺绘四季，『绘』出苏州的不时不食，『绘』出江南的雅食美景，给食客连连惊喜。

墨香氤氲与菜色鲜香构建的时空重叠中完成了一场视觉与舌尖碰撞的菜绘派对。

洪男在餐厅设计中注入了园林元素，并以苏州名园的名称命名雅座包厢，体现苏州古典园林风格，从餐厅空间美学到餐桌美学，打造成浑然一体的江南美食情景式体验餐厅，营造新梅华旗下江南雅厨精致风雅的就餐氛围。走进餐厅，文人清供，漏窗屏风，名家书画，引人入胜；以素净“宣纸”为桌布，其上摆放的美食，犹如一幅幅精美的画作徐徐铺展，艺术灯光精准聚焦于餐桌，将美食烘托得美轮美奂，每一道菜肴都在叙述着独特的风味与故事。婉转悠扬的评弹曲调悠悠响起，吴侬软语软糯甜美，典雅的昆曲唱腔袅袅而来，古韵悠长，在这般浓厚艺术氛围的渲染下，每一位就餐的客人都能深深沉醉其中，享受园林中的美食美景，真切领略到江南雅厨独有的迷人魅力，收获一段难以忘怀的用餐体验。

赏荷品宴是苏州人的风雅，洪男在苏州文人策划的“为荷而来”雅集中，与文人联袂演绎一场江南“荷食雅韵”的美食剧。热炒虾仁翠如意，鲜嫩的莲蓬携着晶莹晨露，以一种俏皮的姿态，将斜柄轻轻“伸”入盘中，似在探寻一方奇妙天地，粒粒宛如白玉雕琢而成的凤尾虾仁，随性洒落于盘中，刹那间，一幅鲜活灵动的江南“鱼虾戏莲”图跃然眼前，让食客仿若置身于江南水乡荷塘之畔。这边“鱼虾戏莲”的景致尚在眼前，那边S形枝条的荷叶半遮半掩着的那碗仲夏六月黄蟹糊煨鲜鲍，恰似一位袅袅婷婷的花旦，罗裙微微颤动，粉面含春，带着娇羞，轻摇莲步登场，瞬间牢牢攫住了食客们的目光。而那荷叶火松焗饭，一眼望去，能瞥见宋代文人林洪笔下“玉井饭”的悠悠神韵；藕丁与蛋黄融入焗饭之中，丝丝缕缕间，枯黄的荷叶裹着黄灿灿的米饭，让食客不禁感叹，转瞬之间，已来到晚秋时节，那是人间烟火中一抹浓浓的乡愁，被岁月与情怀包裹。

以绿色为基调创作菜品，凸显江南文化的独特韵味，是洪男餐桌的典型色彩符号。菜如其画，洪男的菜品风格跟着他的绘画风格蜕变，诚如他从最初规整的工笔，到随心飞扬的写意。冷菜葱葱酱带鱼，金灿灿的带鱼，两层叠放，箬竹叶平铺盘底，似铺设了一方翠绿绒毯，带鱼上面抹上熬制的葱花，葱花的清新翠绿与带鱼的金黄相互映衬，没有繁杂的装饰与调味，却将食材的本色本味发挥得淋漓尽致，江南水乡那份绿意葱茏，缓缓融入传承已久的苏帮菜老味道之中。招牌冷菜苏式熏青鱼，一如既往地贯彻了洪男传承苏帮菜的理念，菜式的呈现与葱葱酱带鱼有异曲同工之妙，我更喜欢熏青鱼底衬垫的整把炸香葱，恣意奔放，餐盘上摆放的一副刀叉，与细葱形成强烈的对比，中餐西吃，别样的食风。在经典苏帮菜酱方的呈现中，围边方式别具一格，葱翠香葱恰似饱蘸浓墨后挥洒下的笔触，看似“笨拙”，实则奔放不羁，活力满溢；葱的翠绿与酱方红肉形成鲜明而热烈的红绿对比，这般如汹涌浪潮席卷而来的强烈视觉冲击，震撼食客。

洪男的餐桌菜色是温润、富有诗意的，那是江南的风雅。春风山药牛肉羹，一幅“春风又绿江南岸”的美食诗画，碗内以山药泥为基底，和以豆泥、嫩滑牛肉粒，碧绿春盘，点缀“山花”状火腿，田野清香，江南春韵，一勺尽揽。每当冷菜牛油果百合上席，食客都会情不自禁地拿起手机，从各个角度拍照；百合自然堆放成多姿的牡丹，组成写意的牡丹图，冰盘映绿牡丹，是五代时期吴越“玲珑牡丹鲊”的现代呈现。春豆泥塘鳢鱼片，苍翠的蚕豆泥盛满餐盘，几片洁白的鱼片似白玉兰飘落于春泥，再撒少许火腿小花，“化作春泥更护花”的美食画卷展现在眼前。老苏州茶酒楼推出的经典苏帮名菜蜜汁火方，皮色如琥珀，肉色如蜜糖，百合、青豆稍作装饰，点睛之笔，一方玛瑙跃然盘中，令人馋涎欲滴。餐前水果“冰荷美人”，水晶盆内几片嫩藕，

被洛神花浸染后，宛若粉红少女，荔枝内镶嵌莲子如晶莹剔透的宝玉，点缀几粒毛豆，珠围翠绕，碗底铺上碎冰，冰盘映莲藕，宋风雅韵。园林中的白玉方糕，亭台楼阁、花窗塔影，园林美景镶嵌在玉色的方糕上，馅心若隐若现，甜美淡雅。法香藜麦土豆泥色拉，西式口味的中式呈现，琥珀颗粒状的藜麦与翡翠碎屑般的法香铺陈有致，装扮凝脂般莹润的乳白色拉，恰似一夜江南的春雪，春花傲放，雪景春色凝练成味蕾可触碰的视觉诗行。

半庭嘉宴，是新梅华旗下的高端苏宴。洪男一改传统宴席冷菜、热菜、点心三部曲“叙宴”方式，以苏州园林的造园艺术，重构宴席场景，菜品各客呈现，浅尝→初见→渐入→迎宾→赏味→意深→落实→田园→暖心→甜美……一菜一画，呈现艺术与美食的食景交融。苏味蜜饯干果、碧螺春茶，品饮浅尝，似入园前的准备。江南冷碟，选当季苏州风物特产，与异地名材精妙搭配、风味碰撞，摆成江南园林小景，线条、点面、方圆错落有致，色彩葱郁鲜艳，显现江南的诗情画意，在细细的赏味中，等待下一口美味的呈现。风味小炒，担当迎宾菜的角色，也称热开胃菜，量少质精，打开品鉴大菜的味蕾；迎宾菜四季炒虾仁，苏州四季虾味虾色，清鲜淡雅。赏味是一席的重头戏，一席中的主菜或大菜，新梅华新近推出海参宴，苏式葱烧海参，浓“墨”重色，咸中带甜，软糯滑爽，为一席台柱子。意深，如入园深游，常常端出冰糖河鳗、鲃肺汤之类的“老法菜”，让食客穿越时光，品享老底子的苏味。落实，秋天迎来丰收的季节，松露蟹油煨萝卜，煨糯的太湖萝卜披上金灿灿的蟹黄油，又有黑松露加持，秋色秋味，秋实累累。田园，白果扒时蔬，由园林走向田野，四时田园蔬味，自然景致，散发出江南水乡气息。西餐，以汤为先，称为前汤，中餐宴前、宴中、宴尾多可以安排汤菜，宴尾汤菜多与饭配合，也称饭汤；汤菜一品四喜，苏州特产水面筋、鸡头米、豌豆、周庄咸菜与和牛共烩，汤清素雅，绘出烟雨江南水乡的水墨意境。鸡头米奶酪、抹茶燕窝奶酪，洁白的色调，银装素裹，以水晶碗盛装，冰莹通透，尝一口，冰甜爽口；甜品给食客以暖心和甜美的味觉感受，宴席“收笔”自如，意犹未尽。

在深耕苏州美食传统文化的园地里，洪男以刀勺为笔、锅盘为纸，勺绘四季，“绘”出苏州的不时不食，“绘”出江南的雅食美景，给食客连连惊喜。新梅华推出四季飨宴，早春的姑苏春宴，仲夏的三虾宴，金秋的蟹宴，冬日的吴地年夜饭，享誉苏城。春宴，豆瓣蒸黄鱼，把春色融入餐盘中；豆泥虾子山药鱼子酱，红绿白黑四色联袂品夏味；酿蟹虾球，一口咬出金灿灿的秋色；松露贝丝炖菜核，松露贝丝炖出冬日青菘风骨，香糯鲜甜。

洪男的“繁花”系列绘画作品，画风满溢着自由奔放的艺术张力，以涂鸦式笔触肆意纵横，大块色彩碰撞交织，每一道笔触勾勒出如梦似幻的繁花盛景，生机

琴韵書聲

勃勃。由盘中绘食，到布局新梅华餐饮管理有限公司发展蓝图，公司30多家餐饮门店遍布苏州市各区及太仓、昆山、常熟、张家港等地，进军上海，出海开拓美国旧金山餐饮市场，洪男和他的团队“绘”就一幅繁花似锦的“新梅华美食打卡地图”。依托新梅华非遗新苏帮菜标杆金字招牌，品牌错位经营，五光十色，各放异彩。江南雅厨（李公堤店）连续5年荣获“黑珍珠一钻餐厅”，红遍大江南北；四季阳春品牌店打造苏式早茶，呈现老百姓喜欢的早茶美食，春色常在；高端品牌半庭嘉宴，苏帮菜的蓝宝石，承载苏州菜的匠心品质，融合四方美食，创意苏州四季经典宴席，连续6年荣登“金梧桐中国餐厅指南”；老苏州茶酒楼，举起陆文夫“美食家”旗号，粉墙黛瓦，评弹昆曲，老苏州菜，让食客真切体验休闲优雅的苏式生活；姑苏食景图，一景一档，汇集各类姑苏传统风味，厚实城市美食的底色；菜农灶，向苏州地标食材邀约，打造绿色苏州农家新食尚。

期待洪男左手勺绘，右手笔绘，在调绘五味五色的美食美术的道路上一路繁华，双辉并耀。

园外·园内·园味

文/金洪男

园外·苏州气候与园林的共生之美

苏州园林，从来不是孤立的建筑群，而是与天地四时共生的有机体。这座江南古城，四季分明，春有烟雨、夏有荷风、秋有霜叶、冬有雪霁，每一季的景致都被园林的窗棂框成一幅流动的画卷。正如拙政园中“远香堂”四季皆景，春赏樱花、夏观荷花、秋品红枫、冬览雪色，四时之景皆因气候而生，因气候而变。

苏州地处长江三角洲，气候温润，雨量丰沛，冬无严寒，夏无酷暑。这样的气候，恰似一位细腻的画家，以雨为墨，以风为笔，勾勒出园林的轮廓。春日里，园外桃李争妍，园内兰雪堂前紫藤垂瀑，文徵明手植的藤蔓历经五百多年仍生机勃发，藤花如瀑，暗香浮动。夏日炎炎，拙政园的荷塘被绿意填满，荷叶田田，荷风四面亭中凉风穿堂而过，与“三虾面”的精细雅致相映成趣——苏州人讲究“不时不食”，正如园林讲究“四时皆景”，两者皆是对自然时序的敬畏与顺应。

园内·石语匠心与文人的精神栖居

若说四时景致是园林的衣裳，那么园中的赏石便是其筋骨。苏州园林的假山、湖石，不仅是造景的载体，更是文人精神的物化。拙政园的太湖石"皱、漏、透、瘦"，如芙蓉榭旁的石峰，形似嫦娥舞袖，又如卅六鸳鸯馆前的"冠云峰"遗韵，皆是自然与人工的绝妙融合。

作为苏州市观赏石协会副会长，我常凝视这些石头，想起古人"以石为友"的雅趣。明代计成在《园冶》中言："石无定形，而山有定法。"苏州园林的假山，绝非随意堆砌，而是以石为笔、以地为纸，摹写山川之势。拙政园中部的黄石假山，层叠如云，借地势起伏营造出"咫尺山林"的意境；狮子林的湖石迷宫，则通过孔洞与光影的交错，将游人的视线引向幽深。这些石头，既是园林的骨架，亦是文人心中"隐逸"与"超脱"的象征——石之静默，恰似文人面对世事的从容；石之嶙峋，又如士大夫坚守的孤高。

赏石技艺作为非遗，承载着苏州匠人的智慧。古时匠人需以水浇石、以烟熏石，观其孔窍通透之态，方能选出"活石"。而今，我们传承的不仅是技法，更是对自然的理解。石头的纹理，是岁月的痕迹；石形的奇崛，是造化的馈赠。

真正的美，从不在喧嚣处，而在对自然的谦卑与对时光的珍重之中。

园味 · 不时不食与自然的苏州美学

园林与饮食，在苏州文化中本是一体两面。

中国人素来讲究敬畏天地，衣食住行，无不就地取材，顺应自然，园林分四季美景，苏州的“不时不食”更如是。区别于街衢巷陌的市井美食，苏州园林里的美食更增添了文人气息。在历史的各个阶段，总有文人用他们的参与和热情，推动饮食文化的发展。他们聚集、品尝，以食物表达志趣与理想，称为“文会宴”。

文会宴，顾名思义，是一场文人荟萃把盏言欢的酒局。宴上的美食经常会出现在文人墨客的诗词文章中，例如《红楼梦》《浮生六记》中记录的美食，流传至今。除了食物本味外，更多的在于精神享受，梨花院落有月，柳絮池塘临风，初春的塘鳢鱼、腌笃鲜，对着满院桃花流水才能品出滋味。夏夜凉风有信，鲜虾、白玉枇杷应市，苏州人的讲究都蕴藏在手出的虾子、虾脑和虾仁里。秋风起，蟹脚痒，九月圆脐十月尖，持螯饮酒菊花天，园林里的金桂和大闸蟹是梦里的美味。冬雪满修竹，在拙政园的雪香云蔚亭中，一口羊肉慰藉整年的辛劳时光。

苏州园林，是气候的容器，是石头的诗篇，是四季的剧场，更是文人心灵的镜像。园外四时，园内千秋，一石一木皆含至理。正如拙政园雪后窗景的静谧，或是一块太湖石的嶙峋，它们无声地诉说着：真正的美，从不在喧嚣处，而在对自然的谦卑与对时光的珍重之中。

南窑

江南有窑，因瓷而美。在新梅华艺术收藏馆里，除了书画赏石家具雅玩，陶瓷器物也是展现江南文化温润雅致的一种形式。

为了让大家更切身地感受这一古老器物『china』（陶瓷英文）的魅力，建成了『南窑』陶艺空间，能够让大家从揉泥、拉坯修坯、装饰（雕刻、绘画书写、喷釉）、烧制成器，体会器物从无到有的全过程。

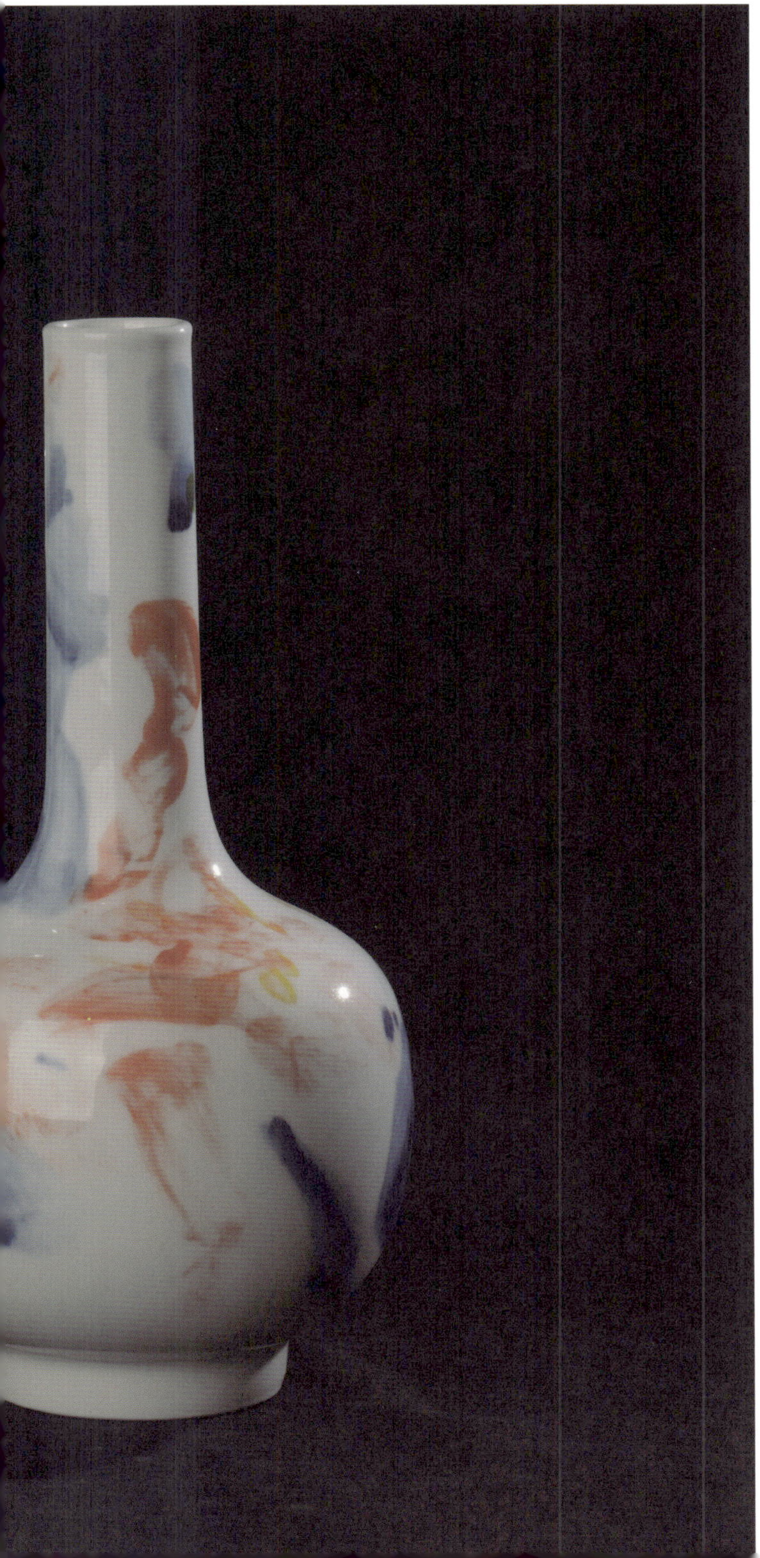

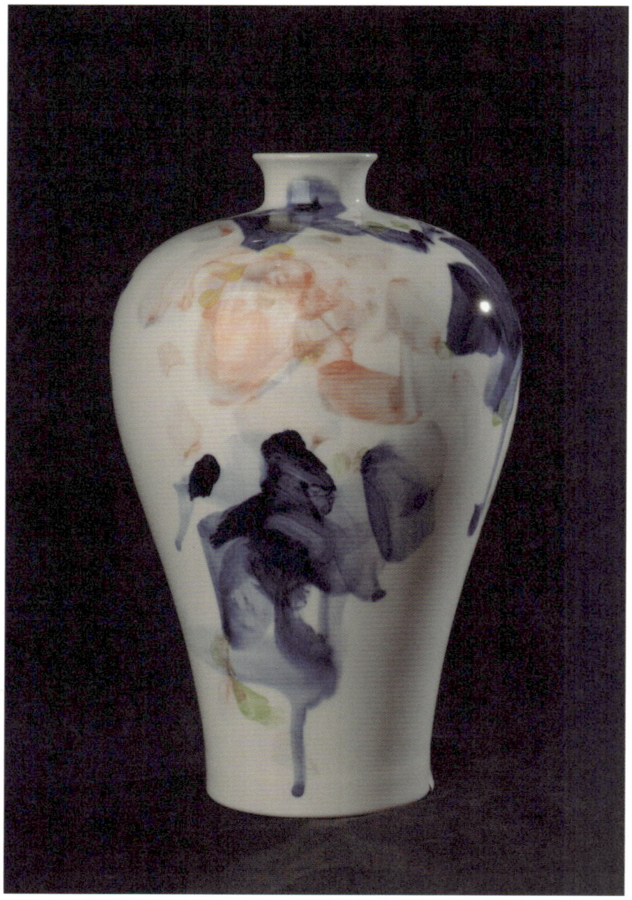

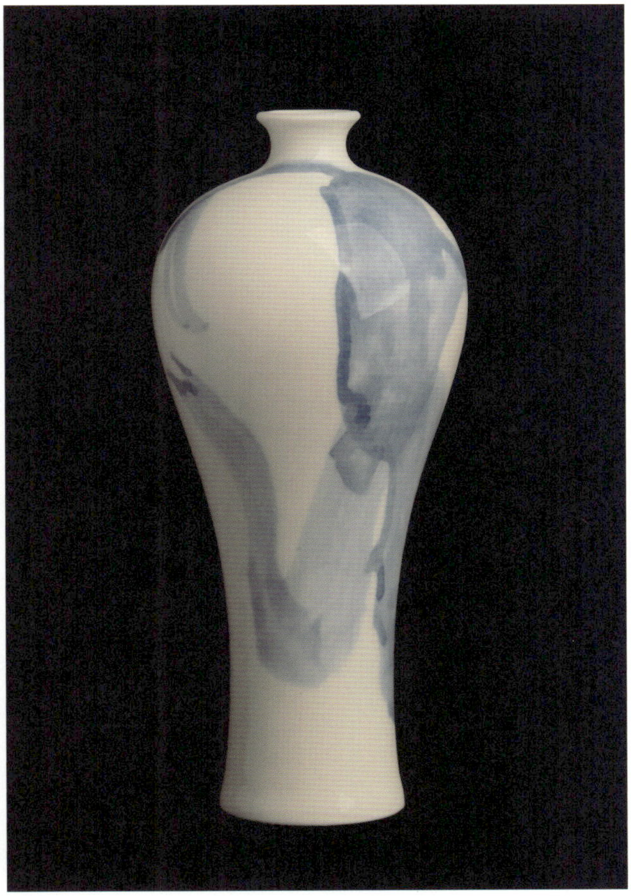

苏扇

文／金洪男

扇子历史悠久，形制多样，有障扇、羽毛扇、团扇、折扇等，扇面的形状各异，可以在其上创作书画作品。明清时期，创作扇面在江南一带蔚然成风，文人雅士以此为乐，还创新了多种雅集雅事。

林语堂在《生活的艺术》中写道：“生活的艺术化才是真正的、最高的生活。”本次展出的作品以写意竹子、花卉为主，小中见大，将艺术的生活化和生活的艺术化融为一体，更加凸显江南的精细与雅致。

在历史长河中，扇面书画已积淀为中国文化的一种符号与元素，一柄在手，不只是驱暑纳凉，更多的是一种风雅，通过把玩观赏来陶冶性情，是为雅趣。

苏州厨师的文玩情结：从烟火到丹青的千年雅韵

文／金洪男

苏州厨师的案头，从古至今总少不了一方砚台、一卷古籍，或是几枚温润的核雕。在苏州这片浸润着吴文化的土地，烹饪与文玩的情缘，早已超越了技艺的范畴，成为一种精神皈依。从元代画家倪瓒著《云林堂饮食制度》，到清代袁枚以《随园食单》调和诗味与食味，文人与厨师之间的界限逐渐模糊，彼此交融。

苏州厨师的文玩情结，根植于江南文脉的土壤。明清时期，苏州的匠人需通晓诗画，方能以刀为笔，将太湖石雕成案头清供；而苏帮菜大厨亦深谙“食中有画”的奥义，一碟蟹粉豆腐的摆盘需如文人画般留白，一盅腌笃鲜的滋味要似水墨般层次分明。这种跨界并非偶然——吴门画派“以形写意”的美学，与苏帮菜“不时不食”的哲学，本质皆是顺应自然、提炼意境的东方智慧。

在工业化与快节奏的冲击下，苏州厨师的文玩情结并未褪色，反而以更鲜活的方式生长。我不断在推动“苏帮菜技艺进校园”的活动，将古籍中的食单转化为现代课程；在雅厨美食学院中，根据二十四节气制定不同的宴席，让食客在舌尖品味非遗的厚度。

苏州厨师的文玩情结，终究是对“雅生活”的终极追求。从沈周笔下的虎丘宴饮，到当下勺中的园林滋味，烟火与丹青始终在苏州厨师的掌心交织。他们以食材为纸、刀火为墨，在方寸之间书写着千年未改的江南风骨。

塵
事

因艺术而相知，因文化而相惜——我与金洪男先生的艺术对话

文/毛世奇

2012年，苏州吴中桃花源的春日，我与金洪男先生初遇。那时，他已是中国烹饪大师，亦是吴门书画与文房雅玩的痴心藏家；而我师从海上明式家具名家汪笃诚先生，正潜心钻研苏作明式家具的形制与气韵。一席茶，一席话，我们因艺术而相知，因文化而相惜。

洪男先生收藏甚丰，早年尤爱吴门书画名家陈如冬、谢士强、林再成等之作。每得佳作，必邀我共赏。茶烟袅袅间，他谈笔墨意趣，我论家具线脚，书画与木作，竟在品茗论艺中悄然相融。他深谙“器以载道”之理，对我所制的明式紫檀家具尤为钟爱，遂以巨资收藏，陈列于其“新梅华艺术收藏馆”，使苏作家具与吴门书画交相辉映，共展江南文人雅趣。

2018年后，我兼任苏州市观赏石协会秘书长，开始系统研究太湖石的历史与审美。洪男先生闻之，亦兴致盎然。他深知太湖石乃苏州文化之精魄，自北宋花石纲以来，便是文人案头、园林叠山的至宝。然历经千年开采，真正的太湖水石已极为罕见。洪男先生遂遍访东山资深藏家，重金购回数方珍品，置于其餐饮空间，与吴门书画、苏作家具共构“江南风味”，让食客在品尝精致苏帮菜时，亦能感受苏州文化的深厚底蕴。

我们虽术业有专攻——他精于烹饪，我长于制器；他痴迷绘画收藏，我醉心家具研究——但对江南文化的挚爱，使我们成为艺术上的知己。他常说：“苏帮菜的特色，如吴门画派的笔墨，讲究细腻传神。”而我制器时，亦追求“简练中见精神，朴素中蕴风骨”，恰如文人画中的线条，刚柔相合，万变其中。

如今，洪男先生所在新梅华餐饮集团旗下的“江南雅厨”品牌已成为苏州文化的一张名片。吴门书画的风流、明式家具的简约、太湖石的灵秀，在其餐饮空间中让江南文化以更接地气的方式走进当代生活。我们以各自的方式，守护着苏州的文脉，亦在传承中创新，使吴地艺术在新时代中焕发光彩。

繪境

勺园绘事

做饭烧菜好功夫，写字画图真性情。

金洪男先生是苏州市烹饪协会的会长，也是苏帮菜的非遗传承人，我想他是将烹饪方面的技艺融会贯通于国画了，所以他的作品有了别样的酸甜苦辣。金洪男先生的绘画，题材和风格不拘一格，信手写来，读他的作品，仿佛是和平起平坐的朋友泡着茶开心放松地聊天，说就说着，听就听了，很自然地顺流而下了。

——范小青

对话金洪男

编辑／吴婧茸

于烟火与丹青间

探寻苏州餐饮的传承与革新之道

在苏州餐饮与艺术的广袤天地中，金洪男宛如一颗熠熠生辉的星辰，散发着独特而迷人的光芒。他的名字，早已随着新梅华餐饮版图的扩张及其在艺术领域的斐然成就，频繁地出现在各大媒体的聚光灯下。

多年来，媒体怀揣着对他非凡经历与深刻见解的好奇，纷至沓来，抛出一个又一个直击核心的问题。从他踏入厨师行业的初体验到在烹饪与艺术融合之路上的探索，从新梅华品牌的发展战略到对餐饮行业未来趋势的研判……这些媒体视角下的问题，宛如一面面镜子，映射出一个立体而生动的金洪男。

Q：在人生的漫漫长路中，是怎样的契机让您毅然踏入厨师行业，开启这段充满烟火气与创造力的征程？

金洪男：那是1988年，命运的丝线悄然牵引着我。当时我在苏州旅游中专求学，偶然间邂逅了一部介绍厨师的纪录片。影片中厨师们在厨房中挥斥方遒，将平凡食材幻化为人间美味的场景，深深地震撼了我。那一刻，仿佛有一束光点亮了我心中对这个行业的向往，于是我毫不犹豫地踏上了厨师之路，从此与美食结下不解之缘。

Q：学厨之路恰似一场充满未知与挑战的冒险，在这段旅程中，哪一段经历如璀璨星辰，在您心中留下了最为深刻且难以磨灭的印记？

金洪男：在学厨期间，有一次实习经历犹如烙印般刻在我的心底。那时，老师带领我们前往一个星级酒店实习。由于初次实战，经验匮乏，我在起油锅时，火苗突然蹿起，瞬间将锅笼罩。那一刻，紧张与恐惧如潮水般向我涌来。所幸最终并未酿成大祸，但这次意外却如警钟长鸣，时刻告诫我在厨房这个充满挑战的天地里，安全永远是高悬于顶的达摩克利斯之剑，容不得半点疏忽。

Q：在厨师职业生涯的成长之路上，您何时真切地感受到自己已破茧成蝶，能够独当一面，以精湛厨艺撑起一片属于自己的天空？

金洪男：在学校的最后一年，我迎来了人生中的一个重要转折点。我满怀壮志地参加了全国烹饪比赛，在众多优秀选手中脱颖而出，斩获国内一等奖。那一刻，荣耀与自信如春风化雨般滋润着我，我真切地意识到自己在厨艺上已取得了阶段性的突破，有能力独当一面。毕业后，我顺利进入苏州当时颇负盛名的店里担任厨师长。年纪轻轻便能获此殊荣，那种成就感如同璀璨星光，照亮了我前行的道路，也为我日后的发展注入了强大的动力。

Q：新梅华宛如一艘在餐饮浪潮中破浪前行的巨轮，您与之携手共进，见证并推动它从一艘小船成长为行业巨擘。请为我们详细讲述一下它从萌芽到如今枝繁叶茂的关键节点与背后故事。

金洪男：新梅华的发展之路，确实充满了故事。1990年，它的前身梅华酒家诞生，那时只是一家小小的门店，在市场的浪潮中默默摸索前行。我加入时，也仅有两家店。2000年之后，大餐饮风兴起，只要餐厅环境气派一些，往往就能吸引顾客，生意火爆。这股浪潮为新梅华带来了发展机遇，我们顺势而为，扩大规模，提升环境品质，逐渐在市场上崭露头角，这可以说是运气使然。

到了2010年，信息时代来临，餐饮行业的边界被打开，shopping mall（购物中心）开始兴起。当时，商场里外地餐饮品牌逐渐增多，竞争日益激烈。我们敏锐地察觉到这一趋势，成为本帮菜品牌中第一个进驻shopping mall的。尽管商场租金高昂，街边店铺租1元每平方米，商场却要5元每平方米，但我们看到了商场带来的巨大客流量和发展潜力。然而，进入商场初期，我们也面临着诸多挑战，消费者的需求和喜好与传统街边店有所不同，我们的经营模式和菜品风格需要做出调整。于是，我们深入研究市场，重新确定了新梅华的特点，将其定位为新式苏州菜。

在菜品上，保留传统苏州菜的风味内核，对包装、颜色搭配等进行创新改良，以迎合年轻消费者的审美。比如，对苏州人冬天必吃的酱方进行创新，用山楂代替部分冰糖，用颜色更浅、鲜度更高的酱油替代老抽，使菜品口感少了三分甜腻、多了一分清爽，颜色也更亮丽，深受年轻人喜爱。在餐厅环境上，融入更多苏州文化元素，打造出具有苏州特色的用餐场景，让顾客仿佛置身于苏州的园林之中。经过不断努力，我们终于熬过了水土不服期，适应了商场的经营环境，迎来了快速发展阶段。在随后的5年时间里，我们凭借着独特的定位和优质的菜品、服务，迅速开出了近50家店，在苏州市场占据了重要地位。

苍松奇石图

68cm×32cm

中国画

洪男君精研美食，以『新梅华』闻名于坊间。当美食成为艺术，其匠心也见于洪男君的笔墨。他笔下的花鸟鱼虫草木，意境清新疏朗，跃然纸上。

——王尧

春来江水绿如蓝

68cm×35cm

中国画

Q：新梅华旗下的门店犹如一颗颗散发独特魅力的明珠，在菜式定位与风格规划上，您是如何精心雕琢，赋予它们独一无二的灵魂，让其在众多餐饮品牌中脱颖而出的呢？

金洪男：我们始终坚守突出苏州特色的时令菜肴这一核心，如同守护着苏州饮食文化的瑰宝。根据四季更迭，巧妙地对食材进行甄选与搭配，精心设计装盘，让每一道菜品都宛如一件精美的艺术品。同时，我们致力于将苏州文化、园林艺术与饮食文化完美融合，犹如将一幅绚丽多彩的苏州风情画融入每一次用餐体验中。以江南雅厨为例，它主打苏州菜，严格遵循“不时不食”的古老智慧，像烟熏青鱼、三虾系列（三虾虾仁，三虾面）、秃黄油等招牌菜品，都是苏州本土特色的经典呈现。而且，随着季节的轮回，每个季节都有专属的主打菜肴，它们宛如四季的使者，向来自五湖四海的食客们传递着苏州饮食文化的独特魅力，成为展示苏州饮食文化的一扇明亮窗口。

花非花兮得真意

35cm×35cm

中国画

Q：江南雅厨在菜单更新方面，宛如一位紧跟时代步伐的舞者，灵动而富有韵律，您能为我们揭秘其中蕴含的独特理念与精心规划吗？

金洪男：江南雅厨的菜单更新，恰似一场与四季共舞的盛宴。我们每年以四季为脉络，巧妙地编织出菜肴变化的绚丽篇章，全力突出时令特色。新菜的研发犹如在艺术殿堂中探索，新菜比例占35%，这是我们对创新的积极探索与勇敢尝试。而在这些新研发的菜品中，最终能登上菜单，成为食客们舌尖上惊喜的大概占10%，这每一道菜品都经过了层层筛选与精心雕琢。此外，我们还别具匠心地推出四季宴，它宛如一首四季的赞美诗，将每个季节的特色食材、独特风味与文化内涵巧妙融合，成为江南雅厨独特的文化标识。我们期望通过这样不断推陈出新的菜单，让每一位前来就餐的顾客都能拥有全新的味觉体验，仿佛在四季的更迭中进行一场美食的奇妙旅行，同时也淋漓尽致地展现苏州饮食文化丰富多样的内涵与独特的季节性魅力。

Q：新菜研发宛如一场充满创意与挑战的艺术创作之旅，在这个过程中，您是如何从灵感的源泉中汲取养分，精心雕琢每一道新菜品的呢？

金洪男：新菜研发确实是一场充满魅力的创作之旅。在这个过程中，我们宛如在美食与艺术的交织世界中探寻宝藏。每个菜系、每个城市都宛如一座独特的文化宝库，拥有其独特的魅力与特点。我们在研发新菜时，主要从色、香、味、形、器这五个维度进行深入研究，它们宛如新菜的五重灵魂。灵感的源泉丰富多样，本土菜肴是我们深厚的文化根基，从中我们能挖掘出传统的韵味与智慧；本地季节食材宛如大自然馈赠的珍宝，每一季都带来新鲜的惊喜与无限的可能；同时，我们还密切关注国内乃至全球的美食流行趋势，如同站在时代的瞭望塔上，捕捉最新的美食灵感。将这些灵感汇聚融合，精心雕琢，让每一道新菜品都成为传统与现代、本土与国际完美融合的结晶，在食客的舌尖上绽放出独特的光彩。

金洪男兄的『江南雅厨』在苏州声名鹊起，成为继『新梅华』后又一个江南吃客追捧的打卡地。说起来，敢在江南自称雅厨的也非洪男兄莫属了，这需要一点底气，当然还要有点勇气！洪男兄的底气来源于他对书画的热爱，或者说痴迷。痴迷之后加上他的用功，成就了一个书画家的洪男，没有烟火气，没有油烟味，水墨纯真，一派文人气象。那天我去三元美术馆远远看到墙上挂着一幅竹子，不知是哪位大师手笔，走近一看妥妥的三字落款『洪男写』，让我生出许多感叹。洪男兄痴迷却又不沉迷，他是『弹古琴』的痴音，学习、工作、做生意、开饭店、搞协会（听说他最近担任了苏州市烹饪协会会长）样样在行，但始终没有忘怀他钟爱的书画，他的『初心』，一切都安排得井井有条，让人不服不行，看看这一册他的作品集，就是充分的说明。

——徐惠泉

虚其心实其节

23cm×138cm

中国画

冷香飞上诗句

68cm×137cm

中国画

Q：在江南雅厨的菜品中，食材的运用宛如一场精彩绝伦的魔法表演，您是如何巧妙地将特色食材组合搭配，创造出令人惊艳的味觉盛宴的呢？

金洪男：在江南雅厨的菜品世界里，食材的运用很有讲究。我们巧妙地将西餐中一些流行的食材，如牛肉、鱼子酱、松露、鹅肝等，引入苏州菜的创作舞台。这些外来食材如同来自远方的神秘使者，为苏州菜带来了新的活力与魅力。我们将它们与苏州特色巧妙融合，精心调配，让它们在苏州菜的语境中绽放出别样的光彩。当然，本土的时令食材始终是我们菜品的基石，它们宛如苏州饮食文化的根脉，承载着岁月的记忆与地域的特色。我们根据季节的变化，定期应季推出这些本土食材制作的菜品，让顾客在品尝美食的同时，也能感受到苏州四季的独特韵味。这种中西合璧的食材运用方式，为苏州菜注入了新的生命力，让传统的苏州菜肴在新时代焕发出迷人的魅力，宛如一幅绚丽多彩的美食画卷，在食客们的眼前徐徐展开。

Q：发现新食材仿佛是在美食的浩瀚宇宙中探寻新的星球，您在这个过程中有着怎样独特的探索之旅与宝贵经验呢？

金洪男：发现新食材的确如同一场充满未知与惊喜的星际探索。我主要通过定期的全国考察和与同行的深入交流来开启这场探索之旅。全国考察就像是一场穿越美食版图的奇妙旅行，我深入各地的市场、厨房，去发现那些隐藏在角落里的新奇食材，感受不同地域美食文化的独特魅力。与同行的交流则宛如一场思想的盛宴，大家围坐在一起，分享着各自在食材运用上的心得与发现。之前，我们和大董在北京、上海、深圳等地的交流活动，就如同在美食的海洋中激起了层层涟漪，让我收获颇丰。通过这些交流，我不仅发现了新的食材，更重要的是拓宽了视野，深刻体会到餐饮文化的博大精深与无穷魅力。这些经历如同璀璨的星辰，照亮了我在食材探索道路上前行的方向，也为我们的菜品创新提供了源源不断的动力。

等闲识得东风面

68cm×26cm

中国画

洪男同道是一位有情怀、有担当的文艺青年。其主业为厨师，近些年致力于苏帮菜传统文化的传承和挖掘，强化品质，打造特色，有口皆碑。而在业务之余，他一头扎进书斋，雅好书画，拜师学艺，且富收藏，在书画临池和创作道路上乐此不疲，广交朋友，获益良多。所作字画，生活气息浓郁，笔墨情趣盎然。上述两身份、做派、气息水乳交融地集于一身，恰好应验了吴地自明代以来艺术生活化、生活艺术化的特质。不唯如此，近年来，他还热心公益，执掌三元美术馆，张罗烹饪和书画组织，做展览、搞培训、促传播，成为苏城文化生活中一道独特的风景线。故称之为有情怀、有担当，绝非虚夸。

——王伟林

Q：艺术与烹饪，宛如两条看似平行却又相互交织的河流，在您的人生中，它们是如何相互交融、相互影响，共同塑造您独特的美食与艺术世界的呢？

金洪男：在我的人生旅程中，艺术与烹饪宛如一对亲密无间的伙伴，彼此交融，相互成就。多年来，艺术家与设计师们宛如璀璨的星光，照亮了我前行的道路，对我产生了深远的影响。烹饪，在我眼中，无疑也是一门艺术。在国外，许多杰出的厨师被尊称为烹饪艺术家，这足以证明烹饪与艺术之间的紧密联系。颜色、构图、选材等元素，既是艺术创作的关键要素，也是菜肴设计的灵魂所在。我热衷于学习书画，在笔墨的世界中，我学会了静下来、慢下来，这种心境的修炼极大地提升了我的审美能力。我将这种审美巧妙地运用到菜品设计上，如同在美食的画布上进行艺术创作。传统与现代在我的手中实现了完美融合，菜肴与书画也实现了跨界串联。例如，在菜品的装盘设计上，我借鉴了书画中的构图技巧，通过巧妙的布局与留白，让菜品不仅美味可口，更成为一件赏心悦目的艺术品。这种艺术与烹饪的交融，让我在美食的世界中找到了独特的表达方式，也为顾客带来了别具一格的用餐体验。

雅鲁藏布江

69cm×34cm

中国画

在中国，全民喜欢书画、玩书画的城市非苏州莫属，在全世界，充满艺术气质和气氛的城市，苏州肯定是不可或缺的。最艺术，最苏州。

——陈危冰

Q：您将艺术融入餐饮的实践，宛如在美食的花园中精心栽种了一朵朵绚丽的艺术之花，能为我们详细描绘一下其中的精彩细节与独特创意吗？

金洪男：将艺术融入餐饮，是我一直以来的追求与实践。从食材的选择、搭配到烹饪的技巧、火候，每一个环节我都精心考量，力求将菜品打造成一件完美的艺术品。例如，在色彩的运用上，我会借鉴绘画中的色彩理论，巧妙搭配食材的颜色，让菜品在视觉上就给人带来美的享受。在餐厅环境营造方面，我更是煞费苦心。比如走进新梅华，这里有旁逸斜出、姿态优雅的插花，宛如一幅灵动的花鸟画；有雕工精美的木窗，透过它，仿佛能看到苏州千年的历史与文化；还有各种精致的摆饰，每一件都蕴含着独特的文化内涵。这些元素相互交融，将苏州的风雅之韵完美地融入就餐环境。同时，我们还配合商场整体风格，采用明灯亮灶、明畅简约的设计，实现了"传统"与"快时尚"的巧妙结合。在这里，顾客不仅能品尝到美味的菜肴，更能沉浸在浓郁的艺术氛围中，享受一场视觉与味觉的双重盛宴。

万紫千红总是春

60cm×38cm

中国画

Q：您的学画经历宛如一部充满诗意与感悟的成长史诗，能与我们分享一下其中的精彩篇章以及这些经历对您烹饪事业的深远影响吗？

金洪男：我的学画经历，是一段充满诗意与探索的旅程。我有幸拜大画家吴冠南先生为师，从此踏入了绘画艺术的神圣殿堂。白天，我在厨房中与食材为伴，用锅碗瓢盆奏响美食的乐章；夜晚，我在画室中与笔墨为友，用画笔描绘心中的世界。绘画讲究构图，通过巧妙的留白制造矛盾与和谐，这种理念与烹饪中的装盘艺术有着异曲同工之妙。传统的菜品装盘讲究对称和象形，而随着时代的发展，如今的装盘审美更倾向于自然表达，这与绘画中的现代审美趋势相契合。在绘画的过程中，我学会了从不同的角度观察世界，捕捉生活中的美好瞬间，这种敏锐的观察力也延伸到了我的烹饪事业中。我更加注重食材的自然形态与美感，在烹饪过程中，力求保留食材的原汁原味，展现它们最本真的魅力。绘画还培养了我的耐心与专注力，让我在烹饪时能够更加用心地对待每一道菜品，精心雕琢每一个细节。我的绘画作品多次参加艺术展览，得到了业内的认可，这也进一步增强了我的自信心，让我在烹饪与艺术的道路上更加坚定地前行。

Q：站在行业发展的前沿，您以敏锐的洞察力和深刻的思考，如何展望未来饮食趋势这一宏大而充满变化的画卷？

金洪男：我认为，接下来餐饮行业将呈现出年轻化的发展态势。随着年轻一代消费者逐渐成为市场的主力军，他们对餐饮的需求更加多元化、个性化，追求时尚、健康、有趣的用餐体验。中餐也将朝着中高端方向迈进，类似位上菜的精致化服务将成为一种趋势。如今，越来越多的食客对品质的要求日益提高，他们不仅关注菜品的口味，更注重食材的品质、用餐的环境及服务的质量。这就要求餐饮企业不断提升自身的品质与服务水平，以满足消费者日益增长的需求。同时，餐饮行业还将更加注重创新，包括菜品创新、经营模式创新及服务创新等。在这个快速发展的时代，只有不断创新，才能在激烈的市场竞争中立于不败之地。例如，随着科技的不断进步，智能化餐饮服务可能会逐渐普及，为顾客带来更加便捷、高效的用餐体验。

空蒙山色晴还雨

66cm×33cm

中国画

一鼓作气

108cm×58cm

中国画

希望的田野

36cm×84cm

中国画

Q：在管理团队的过程中，您宛如一位经验丰富的船长，引领着团队在餐饮的海洋中破浪前行，能分享一下您独特的管理理念与宝贵经验吗？

金洪男：在管理团队方面，我始终坚信“用心”是成功的关键。这么多年来，我一直秉持着用心待人、用心做菜的理念。用心待人，就是要关心团队成员的成长与发展，了解他们的需求与困惑，为他们提供良好的工作环境与发展机会。我深知，每一位员工都是团队不可或缺的一员，他们的积极性与创造力是团队发展的动力源泉。因此，我勇于大胆地重用有上进心的年轻人，给他们足够的空间去学习、去实践、去独当一面。在这个过程中，我会给予他们充分的指导与支持，让他们在实践中不断提升自己的能力。用心做菜，则是我们团队的核心使命。我要求每一位厨师都要怀着对美食的敬畏之心，精心对待每一道菜品，从食材的挑选到烹饪的每一个环节，都要做到精益求精。只有用心做出的菜品，才能真正打动顾客的味蕾，赢得他们的认可与喜爱。通过这种用心的管理方式，我们打造出了一支团结协作、积极向上、充满创造力的优秀餐饮团队，为新梅华的发展奠定了坚实的基础。

Q：作为苏州市烹饪协会会长和苏帮菜非遗传承人，您肩负着推广苏州菜这一厚重文化使命，在您心中，这一使命有着怎样的深刻内涵与重大意义？您又将如何全力以赴去践行这一使命呢？

金洪男：作为苏州市烹饪协会会长和苏帮菜非遗传承人，推广苏州菜是我义不容辞的使命，它犹如一座巍峨的山峰，矗立在我的心中，激励着我不断前行。苏州菜，承载着苏州千年的历史与文化，是苏州这座城市的一张璀璨名片。它不仅是一道道美味佳肴，更是苏州地域文化、民俗风情的生动体现。然而，近年来苏州菜在全国菜系中的影响力还有进一步提升的空间，这就需要我们共同努力。推广苏州菜，不仅是为了让更多的人品尝到苏州美食的独特风味，更是为了传承和弘扬苏州优秀的饮食文化，让这一宝贵的文化遗产在新时代焕发出新的生机与活力。

为了践行这一使命，我会积极组织各类活动，搭建交流平台，促进苏州餐饮行业的整体发展。我们举办烹饪比赛，为厨师们提供展示技艺的舞台，激发他们的创新热情；开展美食文化节，向市民和游客宣传苏州菜的特色与魅力；组织餐饮企业与外地同行交流合作，学习先进经验，推动苏州菜走向更广阔的市场。同时，我也注重苏帮菜的传承与创新，鼓励年轻一代厨师学习和发扬苏帮菜的传统技艺，结合现代饮食理念和市场需求，对菜品进行创新改良。我希望通过我们的努力，让苏州菜在全国乃至全球范围内绽放出更加耀眼的光芒，成为中华饮食文化中一颗璀璨的明珠。

境由心造乐看花

31cm×25cm

中国画

Q：您采取的多品牌多赛道战略，宛如在商业战场上精心布局的棋局，您能为我们解读一下这一战略背后的深远考量与精妙之处吗？

金洪男：这一战略的实施，是基于对市场和消费者需求的深入洞察。首先，我们以苏州味道为核心，打造了六个不同定位的品牌，形成了一个紧密相连的品牌矩阵。新梅华定位为百姓食堂，客单价八九十，是外地游客认识苏州的窗口，为大众提供性价比高的苏州美食。江南雅厨则以“园林里的美食”为特色，人均两三百，每个店都有独特的园林主题，如金鸡湖店是园林集锦、狮子林店还原狮子林元素等，为顾客营造出诗意优雅的用餐环境，满足中高端消费群体对品质和文化体验的追求。江南雅厨·半庭嘉宴在此基础上更进一步，主做高端宴请，客单价在500—1000元，提升了品牌的调性和服务品质，开拓了苏菜的高端市场空间。

另外三个品牌客单在40元左右，是做饭和面的单品类连锁店，并且产品都在走食品化零售路线。这样的布局，涵盖了不同消费层次和场景的需求。从日常简餐到休闲聚餐，再到商务宴请，我们都能满足消费者的选择。而且，这些品牌在产品、做法、元素、原料等方面可以互相渗透，互相支持。研发过程中，我们可以充分利用共同的资源和技术，降低成本，提高效率。同时，每个品牌分开独立管理，保持其独特的品牌个性和市场定位。通过这种多品牌多赛道战略，我们掌握顾客消费的分级需求。一个常去新梅华的老客，当他有商务宴请需求时，自然会想到江南雅厨或半庭嘉宴；而当他时间紧张，需要简单快捷的用餐选择时，就会优先考虑我们的单品类连锁店。这样，我们就能够在不同的市场细分领域中占据优势，实现企业的多元化发展，增强整体竞争力。

花漾系列

27cm×53cm

中国画

石不能言最可人

35cm×186cm

中国画

无论何种形式的艺术，透过其作品的表面，必然是作者本人的全部人生。洪男是当下餐饮界的国手，对于餐饮有着深刻的理解与实践，有时候形容一道菜做得好，洪男会说：这道菜好，空灵格！而空灵两字恰恰就是中国画艺术的灵魂。由此可见，在洪男心里中国画与餐饮的最高境界是一样的，有了这样的认识，所以我对洪男的书画是有很大的期待的。

——夏回

Q：新梅华目前专注于本地市场，宛如一位深耕本土的耕耘者，在您看来，这一决策背后有着怎样全面而深刻的考量？

金洪男：新梅华目前专注本地市场，是经过深思熟虑的。从菜系特点来看，苏州菜讲究“时令”，对食材的新鲜度和季节性要求极高。外地食客可能难以理解这种对时令的执着，在价格接受度上也存在差异。例如，春天的塘鳢鱼价格昂贵，一条小鱼可能就要几十上百元，外地食客可能会觉得价格过高而不愿买单，这无疑增加了市场推广的难度。而且苏州菜的食材大多取材于本地，供应链相对局限，难以在外地市场大规模复制和稳定供应。

从苏州本地的市场环境来看，苏州下辖6个区4个县级市，每个区县人口密度都很大，消费市场潜力巨大。同时，在2018年全国GDP十强市中，苏州排名第七，经济的繁荣为餐饮行业提供了坚实的支撑。这意味着本地餐饮市场需求旺盛，本帮菜的市场还远未饱和。我们在本地市场稳扎稳打，能够更好地利用本地的资源优势，深入了解本地消费者的口味和需求，不断优化菜品和服务，提升品牌在本地的知名度和美誉度。相比之下，贸然开拓外地市场可能会面临诸多不确定性和风险。所以，我们选择先在本地做强做大，夯实基础，提升品牌实力和竞争力，为未来可能的向外拓展做好充分准备。

花境系列

38cm×35cm

中国画

Q：新梅华全新升级品牌“姑苏食景图”宛如一颗即将闪耀的新星，您能为我们提前描绘一下它的独特魅力与创新亮点吗？

金洪男：“姑苏食景图”将是一次对苏州饮食文化的极致演绎。步入其中，宛如穿越时空，踏入了一幅生动的实景《清明上河图》。云墙黛瓦、水坞市集、空中戏台等元素交相辉映，营造出浓郁的苏州古韵。在这里，顾客将开启一场沉浸式的苏州文化体验之旅。一进门，便能看到身着传统服饰的苏州小娘鱼熟练地剥着鸡头米，那专注的神情仿佛在诉说着苏州的古老故事；往里走，长袍书生挥毫泼墨，为整个空间增添了浓厚的文化气息。在用餐过程中，身旁有琴师演奏悠扬的古琴，那空灵的琴音在空气中流淌，与美食相互交融，让人陶醉其中。同时，还有正在刺绣的女工和编织传统灯笼的手艺人，他们的精湛技艺展示着苏州传统手工艺的魅力。

在菜品方面，我们将以苏州传统美食为基础，进行精心的创新和改良。每一道菜都将与周围的环境相呼应，从食材的选择到装盘的设计，都力求展现苏州饮食文化的精致与典雅。例如，我们会根据不同的季节和节日，推出特色菜品，让顾客在品尝美食的同时，感受到苏州四季的变化和节日的氛围。“姑苏食景图”不仅仅是一个餐厅，更是一个集美食、文化、艺术于一体的综合性空间，它将为顾客带来全方位、沉浸式的苏州文化体验，成为展示苏州魅力的新地标，让每一位来到这里的顾客都能深入了解苏州，爱上苏州。

飞舞在天

60cm×25cm

中国画

舞动的节奏

30cm×100cm

中国画

洪男性情，人如其画。
洪男大度，画如其人。
——易都

一个聪明人在画画，一个认真的人在画画，一个不断取得进步的人，一个一直给我们压力的人——认识金洪男是画家的福音。

——孙宽

花漾系列

58cm×34cm

中国画

振翼岂愁天色暝

40cm×50cm

中国画

水袖翩然六百年

27cm×60cm

中国画

花境系列

20cm×42cm

中国画

劲节高风

128cm×38cm

中国画

石寿万年

68cm×33cm

中国画

白文

金鼠衔财　玉兔纳福

边款

金鼠衔财　玉兔纳福

乙巳三月二十八日

西泠林尔作

朱文

金洪男

边款

洪男先生正之

时在癸卯正月初九日

西泠林尔作

白文

金洪男印

边款

天铎

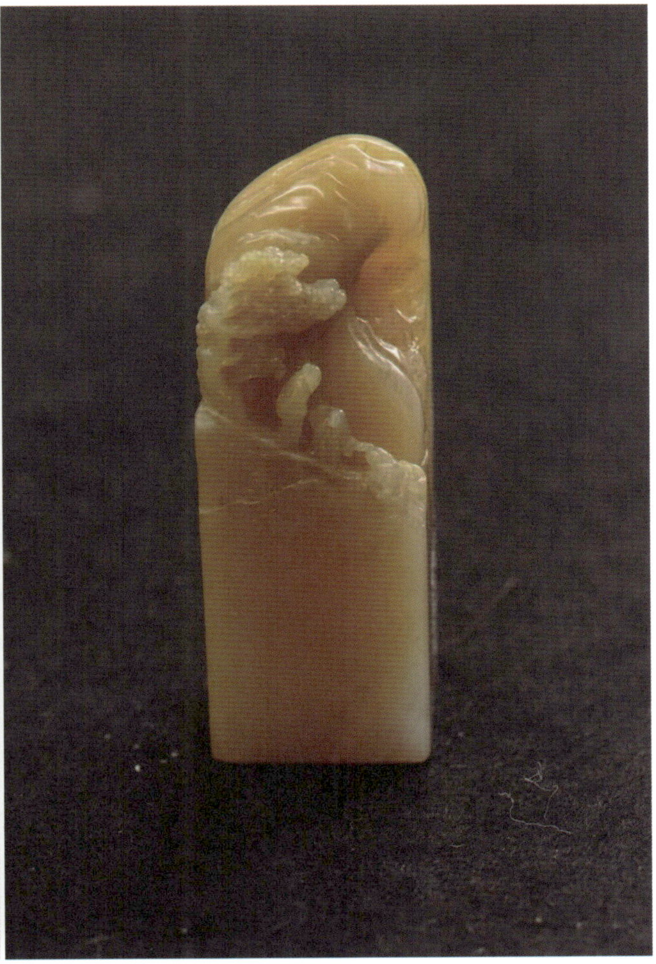

朱文

金洪男

边款

洪男先生正腕，是作观其表，技法工稳；究其里，神在写意，其亦江南士人所追求之真髓也，金兄以为然不？

乙巳三月二十八

林尔刻记 殊合心耳

事迹
勺园绘事

金洪男的美食与美术

文/吴冠南

美食、美术都姓美。美食是人类与生俱来的追求，历史长久到无法考证它的起源。美术的名称是舶来的叫法，中国的绘画在民国以前叫绘事、余兴、丹青、图画等。其历史与美食不好比。美食是人类生存的必需品，美术不是。无食人会死，无画则不影响人的生存。

孔夫子说“食不厌精”。苏东坡还发明了有名的美食“东坡肉”。我小时候因为从来没有吃过“东坡肉”，以为是吃的是苏东坡的肉，心想苏东坡的肉怎么能吃，还总是吃不完呢？

好厨师的第六感肯定是特别敏感的，否则同样的材料为什么名厨做得就是比别人好吃呢？好画家的道理也一样。无论是美食还是美术，优劣就在于第六感敏锐度的差别。

金洪男其实是个画画的料，但是命运安排他当了厨师。我觉得这也很好。一是美食美术都是靠第六感干的活，洪男有这个天分。二是业余时间画画，少了许多挤圈子、争名夺利的烦恼。况且古代大画家大多数也都是业余的。业余画画少干扰反而可能做出大成果来。

洪男画画纯属天赋派，那种有序无序墨与色的混合碰撞，处处都体现出他把控画面的敏感与机智。艺术创作无意于佳乃佳，无意二字说说容易做出来却太难太难！许多习惯了传统范式的人往往会看不习惯，这个不要紧，受众面太大并不是好事。

苏州是一个做什么都处处追求精致的地方，早先周瘦鹃、范烟桥等文化人对于美食的讲究堪称世界之最。精致固然是好，有时候太精致了就会缺少一些自然而然的天趣，这个情况正在洪男等一帮后起之秀那里悄悄地改变着，这种改变不可小瞧。被吴侬软语泡大的苏州人，并非一味的柔和精致，如果惹得苏州人刚强起来，一点都不会比北方人差。

苏州是吴文化的发源地，古代苏州的美食家我不知道，但当年撑起中国画半边天的吴门画派可是天下闻名的。我很期待今天的苏州画家们能够以另外一种风格，再次展现出当年吴门画派的威风来。

洪男要出书了，让我写几句话，可以说的话有很多，想想还是点到为止吧。

洪男拜师

文/华永根

金洪男是苏州餐饮界一名职业厨师，科班出身，毕业于苏州市旅游学校（即今苏州旅游与财经高等职业技术学校）烹饪班，在苏州几家大饭店当过主厨，后转于新梅华掌勺。几十年厨艺生涯造就他高超的烹饪技艺，使他成为中国烹饪大师。他还是善正鑫木餐饮公司的总经理，近期又任苏州市烹饪协会会长，在餐饮江湖上地位节节攀升。他热爱生活，爱自己的烹饪工作，业余时间则用来看书、写字、画画，是一位颇具艺术修养的厨师。

有一日，金洪男打来电话约我去他在木渎影视城旁的新家吃晚饭。他在电话里告诉我，“最好就在这个星期周末”，那天他休息，而且他家人都在。我还在犹豫中，想回答去不了，但总得想一个说辞，此时正在一旁听电话的老伴接过电话大声说：“好的，到时我们来。”我瞪着眼对我老伴说：“不关你的事，抢着答应。”她却理直气壮地说：“你的事就是我的事！”口气似乎比我还硬气。

那日我们如约而至，车到他家小区后一路找来，虽然知道门牌号码，无奈那个小区的道路、房屋太雷同，我们费了不少周折还是找不到目的地，最后只得打电话“求救”。金洪男于是迎出门，接我们到他家。一进门，他妻子热情地打招呼，他家两个可爱的女儿也上来叫“爷爷、奶奶”，使我倍感亲切，像是到了家一样。他的新家坐落在小区一条小河旁，是坐北向南的联排别墅，风水极佳。进门一楼为起居室、客厅，二、三楼为卧室，整幢房屋装饰明快、简洁、大方，点睛之笔是墙上挂着的那些书画屏条，负一楼为金洪男的书房、画室。别墅朝南一面连着一个花园，湖石、水池、花木、雕砖、曲廊设置典雅古朴，颇具旧时苏州大户人家的风韵。一个厨师白手起家，不断拼搏，现在居住大宅，过上了幸福的生活，印证了习主席讲的“幸福是奋斗出来的”这句话。

那晚的菜数量多、味道好，金洪男亲力亲为，自己动手烧制。他妻子对我说，平时金洪男在家是不烧菜的。今日一反常态认真做起菜来，使得他的两位千金雀跃欢呼，这顿晚餐吃得其乐融融，吃得称心满意。厨师都是善良的，他们总把世上最美好的食物通过自己的烹饪奉献给人们，给人快乐。那晚的一盆糖醋排骨最让我感动，让我吃到了多年前我在松鹤楼学艺时的老味道。那些深褐色又显微红的排骨堆放在一只洁白硕大的瓷盆中，显得十分庄重。排骨上包满了酱汁，吃上一口，肉香满口，排骨肉松软、略有韧劲，酸甜适中，在咬嚼中又有一丝丝咸鲜味，还能咬嚼出排骨的津津汁液，口感丰富，令人陶醉。席间，大家你一句我一言夸奖金洪男烹饪技术好，做的菜肴可口。不一会儿，他从厨房中端出一只海碗，碗内盛放着一个热气腾腾的大鱼头。此鱼头汤，汤色乳白，整只鱼头上面撒着翠绿香菜末，清香扑鼻，鱼头两侧存放着白色鱼圆、红色虾蟹，汤底还有蚬子。我知道这鱼头汤是金洪男的绝活，说起来也正是因为此鱼头汤，我才认识了金洪男。

早在十多年前，苏城南边有家“新梅华”，那里因供应千岛湖鱼头汤，远近闻名，不少食客纷纷前往品尝。一次我约了几位食友前去品吃，那时新梅华在吴中区苏苑饭店附近，店虽小但生意红火，当家的是单三男，一个精明又善于管理的老板，掌勺的就是金洪男，他俩一个主持外场，一个主持里场，配合默契。他们推出的千岛湖鱼头汤，鱼直接从千岛湖送来，养在门口的一个水池中，顾客可自由挑选。那天我挑选一条最大的鱼做鱼头汤，要求鱼尾做红烧甩水，中间鱼段任由厨师摆弄。不久开始上菜，最先上桌的是红烧甩水，虽然此鱼鱼尾没有青鱼尾那样肥腴，但也烧得可圈可点，鱼尾被整齐地割成六条，色泽枣红，鱼肉嫩润，鲜美可口，带着一点点苏式的甜味，深深打动我的味蕾。主菜乃是一海碗鱼头汤，汤色洁白，味道鲜美。厨师巧用中段的鱼肉制成鱼丸，盛放在汤中，汤中另配着小虾小蟹，此鱼头汤一改过去苏式鱼头粉皮汤的制法，较之提升了一

个档次。我一边吃着鱼头汤、鱼丸，一边想：这里的厨师真会动脑筋，利用食材特点，把一条鱼分段取用，物尽其用，恰到好处。食毕，老板单三男请金洪男大厨出来跟我见了个面，这是我与金第一次见面，他给我留下一个好印象。想不到今晚在他家还能尝到这一手他早年的绝活——鱼头汤，这使我又想起他与我的一些旧事。那晚我老伴吃得满心欢喜，少不了在桌面上数落我在日常生活中的一些欠事，有时引得大家哄堂大笑。我也没法，只要大家开心就好，有句话说得好：能使你所爱的人快乐，是世上最大的幸福。

席散了，金洪男送我俩出门，在门口他郑重地跟我说："我在餐饮业辛苦干了几十年，我从小没有父母，一直想拜您为师，您看怎样？"此话一出，我深感突然，正想回答他让我考虑一下。我老伴又插上话，大声说："好的，好的，我答应。"说完她与金洪男相视一笑。此时我才恍然大悟，今晚此宴真乃"鸿门宴"，是我老伴早已设计好的"拜师宴"。金洪男拜师走的是"夫人路线"，捏住我的"死穴"，夫人定好调子，我执行罢了，但我心里认定："此生可造也。"

后来，金洪男选择在新区一家新梅华店里举行正式仪式，拜我为师了。

中国作家协会会员、《苏州杂志》原主编陶文瑜题字

洪男

文／陶文瑜

金洪男之前在大小厨艺比赛中得过不少名次和奖励，也有自己的拿手菜。拿手菜相当于武林中的独门秘诀，是属于自己的一招半式，有了自己的一招半式，才可以行走江湖。不然只能是厨房里的泛泛而谈。可以说洪男不是个泛泛而谈的厨师吧。洪男现在经营饭店，生意做得风生水起。因为痴迷书画，大家称他是“江南雅厨”。

我是随大流，也为洪男题写过“江南雅厨”，人在江湖少不了人云亦云的顺水推舟。不过在我心中，并不是因为洪男的淡墨浓墨，才说其风雅的。

不久之前，洪男送了我一些咸肉和两碗八宝饭，咸肉是自己腌制的，春天来了，又要“腌笃鲜”，咸肉是主要角色。一般八宝饭都是放在笼架子上蒸煮而成的，东山有位老阿姨，八宝饭是在灶上烧出来的，别有风味。洪男专门去乡下学习了这个技术，然后在自己饭店里推广。所以我认为，洪男的风雅，其实是对食客的体贴和温馨，并且用自己的心思和情感来烹饪吧。

苏州人对于吃喝，比较津津乐道，林子大了，有人挖空心思，想出来“红楼宴”“文人宴”，做一道“云林鹅”，做一道“茄鲞”，以为茄子里多放点佐料就是贾宝玉了，以为自己是活在当下的古代文人，其实倒我胃口。而我与洪男处得好，就是因为他身上展现出来的家长里短和人之常情。

一两年前，洪男拜华永根先生为师。一位是烹饪行业里的法家宗师，一位是后起之秀，这样的结合，似乎还有点梯队建设的意思，我就按照自己的想法送了一个对联“吃香喝辣新梅华，传宗接代老恩师”。

老恩师是我对华会长特别的称呼，我根本不要学习灶头上的本领，这样说了，不过是跟在华会长后面吃吃喝喝师出有名吧。新梅华是洪男经营的饭店。

去年年底，烹饪协会改选，华会长退居二线，洪男当选了会长。我们的日子要过下去，少不了一日三餐，苏帮菜也要传承发展后继有人，金洪男一步一步走来，踏实而富有灵感。

灵感可能还得益于书画，洪男于笔墨之道非常用心，一些书画小品有职业风范，他几乎就是有模有样的书画家了。

我们是一个微信圈子里面的朋友，我几乎天天能够看到洪男晒出来新作。餐饮行业是没完没了的婆婆妈妈，我不知道他哪里来这么多时间创作的。洪男说他是每天晚上十点多下班之后写写画画，一两点钟才休息。这是很自讨苦吃的方式。

我爱好书画，因为当了作家，就说自己是文人画、文人字。自己立了名目就按照自己的规矩来，我自圆其说横平竖直的书画，没有流露出本质职业的风貌，也和广大的书画家没有分别了。其实省略好多专业辛苦的劳动，我心里的想法是自己开心就好了。

我把心思告诉洪男，洪男依然按照自己的方式在努力。人各有志，所以我只能在小天地里小打小闹，洪男应该在大世界中大展大脚。我们走到一起，展现多姿多彩的人生。

中国作家协会会员、《苏州杂志》原主编陶文瑜题字

不断点亮——旁观金洪男

文/荆歌

艺术创作在有些人那里就像是被突然唤醒或者点亮的，金洪男在短短的几年中，最初是对传统绘画学习和模仿，突然之间就从那种束缚中挣脱了出来。有些人从舒适区逃逸出来，却迷失了方向，或者说可能走进一条死胡同里。而金洪男蜕下一层皮后，却一下子敞亮了，每蜕变一次都有豁然开朗的感觉。传统的笔墨在他那里完全摆脱了拘谨和循规蹈矩的面貌，呈现出明显的现当代性。我相信他是并没有系统认真地去学习和琢磨现代派和当代艺术，好像是无师自通闯入了那种境地。他以传统的营养强身健体，却不守成规无所畏惧，他见风就长，万物花开，笔墨生长，他如疯狂的藤蔓，不断地生长游曳。

他的变化，可能是令他自己都感到吃惊的。不往远处说，就说近三年，我们把他的绘画按时间顺序排列，就会发现他对自己的“背叛”是多么的剧烈和动荡，他不断地出走，喜新厌旧，七十二变。他像川剧变脸一样，在一个个瞬间抛开曾经的自己，一个个全新的他就像春花在枝头灿烂绽放。

即使不从艺术成就的角度看，光说他在绘画实践中自我价值的获取，他的“魔怔”、快乐和疯狂都是旁人局外人也能感受到的。

看他近年来的绘画，显然是在艺术创作的路上越走越远，不断地峰回路转走向陌生。可能他不光是对自己一次次地新鲜登场感到陌生，对于被远远抛在身后的自己更加陌生，昨天的他对前天的他感到陌生，今天的他对昨天的他感到陌生，明天的他又会是什么样子，他多半自己也不知道。但变化是一定的，许多惊喜也都是在变化中出现的，必将在未来的变化中有更多呈现。我

味合五色——苏州名厨书画展活动合影

曾经对金洪男说，许多事情你肯定自己都不是想得太明白，你的潜意识里有一种变化和创造的冲动，这种能量是不安分的，枷锁也不能将之束缚，它躁动不安，要挤出来冲出来，爆发出来。它会奔跑，会飞翔，不受任何教条的控制，它带着传统的基因却展开当代的翅膀，它的能量是惊人的。

毫无疑问，在苏州美术界甚至更广大的坐标系里，金洪男都是一个奇迹。他的变化，他的创造力，他每一个阶段的完成度，每一个阶段所呈现出来的飞跃都让人吃惊，也让他自己感到不可思议。我们也许可以由此推测他的未来，他是已经走到了特别宽广的地带，而更前面的天地一定更广阔，虽然可能不平坦，各种大小的道路交叉纠缠，但远方一定有人们和他自己都无法预知的绚烂。

每次见到金洪男，我都发现他处在快感还没有消退的状态，他不在画桌前却依然亢奋着，他亢奋的点就集中在绘画上，他不停地说他的绘画，显然希望别人也都围绕着这个点与他一起亢奋起来。我可以想象他的精神世界完全被绘画创作所鼓舞充盈。这种状态其实在人类中只有很少的一些人具备，也是绝大多数人所无法体会和理解的，我很羡慕他，这不是可以简单地用努力勤奋和智慧所能指称的，也不仅仅是天赋，在艺术上其实很多人都是有天赋的，但是天赋的内涵和层阶也是复杂的，是形态各异的。上天赋予了金洪男对绘画的热爱，赋予了他对重复自己和重复别人的不满足，赋予了他疯狂突围的冲动和能力，并且赋予了他每一阶段都有相当高水准的完成度，赋予了他不断奔跑和飞翔的能量，这是多么让人羡慕的状态啊，是多么精彩和幸福的人生。

金洪男对绘画的沉迷，这种疯魔得飞起来的状态并没有让他自满和骄傲，在我看来他始终都是谦逊的，对人们的夸赞可能也是半信半疑。我曾经对许多向我咨询艺术品投资的朋友推荐金洪男的作品，我觉得按他目前对自己的定位，投资者一定还买得起。金洪男其实已经是一位特别优秀的画家，未来必定会是大艺术家，想来并非我的妄言。

我的朋友金洪男

文/孙宽

我一直感觉很幸运，苏州有个金洪男，他既是大厨，又是个艺术家。苏州的文人墨客素来和餐饮界交往密切，最有名的硕果当然是陆文夫的《美食家》。苏州国画院的首任院长张辛稼即美食大家，每次见到红烧蹄髈，则呼“冤家来哉”。我父亲那一辈画家和洪男的师父华永根先生相交甚笃，华局擅书，金总擅画，师徒二人相得益彰。

金总极勤奋，作为餐饮人，应酬极多，但他不嗜烟酒，不喜掼蛋。彼时微信朋友圈见他时而晚上一两点、时而清晨五六点晒其画作，我夫人见之则批评曰：“金总如此勤奋，汝等专业人士，羞否？”我则悻悻从掼蛋桌上撤身，私语金总，此等不利夫妻团结之微信，不可再发。金总善，从吾言，但我知其秉性，定是夙夜刻苦、不打折扣的艺术狂人。

金总拜吴冠南先生为师，吴式大写意的花鸟颇合其心性，近作“繁花”系列更是好评如潮。以此为基础的一系列文创用品，如瓷器、花器、酒器更是新意迭出，获得了极佳的市场回馈。观其画，有“元气淋漓障犹湿”之意，笔墨纵肆，色彩泼辣，往往一幅作品毕，见其有掷笔狂啸之意。画如其人，其画心真，画风狂，画意美。

我夫人曾对我言，金总是天性聪慧之人，审美能力极高，我深以为然。往往一个极普通的地方，经金总之手，马上文气氤氲，气息不俗。金总爱好极广，除美食、书画外，家具、奇石、文玩均是其心之所好，故能融会贯通，创造出一个个文雅的、苏式的、江南的公共空间。

今年以来，单董和金总已连开上海、东山诸店，5月其海外首店——美国旧金山湾区店亦已盛大开幕，想必操劳辛苦。近日受邀访其中街路画室，长窗外绿意盈盈，佳作已铺满墙上、桌上，二人神采奕奕，艺术是最好的补品。

金总夫人小蒋，亦擅油画，金总店中所见有小猫的画作，必出自其手笔。大女儿晓琪，拜师于老友易都，学摄影之术，又用于现代餐厅的广告、文创之类，已有独当一面之势。二女儿求学于英伦，勤学不息。其家庭弥漫着完美的艺术氛围，应该是金总最好的作品。

吴语中，美食与美术二者发音相近，金总应该是最好的践行者。

（从左到右）阿丁、吴冠南、易都、金洪男

笔歌墨舞春又来

文/阿丁

不管多么忙，金洪男都能保持一种舒展的姿态。在美食界：他一直引领着行业的脚步，成为大家学习的榜样。而在天平山脚下，他还经营着自己的一片花花世界。读金洪男的画，内心会有一种温暖，它唤醒我深藏于内心无法言说的视觉、味觉记忆。

第一次看到洪男的花鸟画，还是有些诧异的。毕竟这跨界跨得也太厉害了，好比周杰伦忽然唱起了昆曲、马云拉起了小提琴、梅西打起了乒乓、赵本山跳起了芭蕾……洪男在美食界具有很高的知名度，这个大家都知道，记得有一次去宜兴拜访吴冠南老师，老师带我们去一个很有特色但不是很知名的小酒馆用餐，没想到刚踏进酒店，老板居然认出了他，我们玩笑说，看来拿着金洪男的名片可以吃遍全国呀！最近几年，也只是眼见着新梅华、江南雅厨一家接着一家开张出来，也只是在美食论坛上、在厨师大赛、在天平山脚下的雅集上见到洪男谈笑风生，意气风发！没想到他还留有这么一手！

洪男的画室在天平山脚下，开窗见山，清风摇曳。书桌上摊满了画册书籍，墙上散散落落地挂满了刚画的梅兰竹菊，还有一些团扇、湘妃竹散落其间。这时我才有时间走进他的百花园，或花团锦簇，或含苞待放，或高贵，或贫贱，或奔放，或优雅。在洪男的小天地里，你可以闻到山花的芬芳，听到知了欢叫，感觉到风过竹林、螳螂漫步。

在夏回的引荐下，洪南拜吴冠南老师为师，也就成了我的师弟，拜师宴上热闹非凡，高朋满座，吴冠南老师对他寄予厚望，希望他多从蒲华身上找灵感。而金洪男深知中国画的最高目标和最高境界是“气韵生动”，“气韵”就是“气”的节奏和和谐。绘画有节奏能给欣赏者一种音乐感，一切艺术都是相通的。画家通过水墨中花鸟、鱼虫，来表达自己对生命的理解。他的态度是悠然意远，而又怡然自足的。

金洪男的菜做得很好，往往让人欲罢不能，而他的画也很爽劲，对美感的把握很到位。无论是造型的参差错落还是色彩的含蓄典雅，以及气氛的烘托，都充分体现出作者灵敏的艺术感知能力，在水墨的浓淡枯湿中寄托情怀，张扬个性。近年来，随着在笔墨和水法上的锤炼，他更钟情于水墨和色彩渗化融合中产生的自然效果。无论古今，那些善于笔墨者，皆善于用水，水与清透的墨彩和颜料碰撞、交融，生发出各种偶然的效果、丰富的层次与难以名状的变化，虚兮若实，实兮若虚，幻化无常、难以捉摸，一切在他们笔下都融化在那一团水墨氤氲中。张大千曾说：“墨为形，水为气，气行形乃活。”金洪男的作品正是如此，水墨氤氲间，万物生长，又像是天平山脚下的阳光，万物在阳光的温暖中恣意生长，生生不息。

金洪男的作品，点、线、面的有机组合，如同一首有韵律的交响乐。全局开合纵横，朴茂浑厚之气纵横流淌，扑人眉宇，难以名状，花草纵横恣肆，气势雄强，穿插揖让从容大方、汪洋恣肆，苍茫古厚之气盎然。洪男作画常以感知为“笔悟”，畅笔写就，不恋渲染，笔到意行，自然酣畅，画面又突破常规，观感强烈，花卉叶片墨中带色，色中带墨，重彩淡墨，淡彩浓墨，不拘一格，自得灵性。作品灵动之中不失雅致，活泼之中显现情趣。正因为画面产生出的雅致和情趣，作品充溢着文人画家那种清逸洒脱之气，谁也不会想到一幅幅简约空灵、清逸洒脱的感人之作会出自一个年轻画家之手。

花鸟画的文化原动力，是以花鸟拟人、表情的寓意性。《芥子园画谱》说：“古诗人比兴，多取鸟兽草木。而草虫之微细，亦加寓意焉。”作为一种寄情于天地万物的艺术，花鸟画更是体现比德思想和“赋比兴”手法的广阔天地。借景抒情、托物言志，是花鸟文化的精髓。他在“年年岁岁花相似，岁岁年年人不同”的时光中感怀人生，他在笔歌墨舞的翰墨丹青里探索人生。

小花鸟，大境界。在中国人的眼睛里，花鸟的世界，永远充满着生机与雅意。我喜欢他画画的心境，愿他勤勉动悟，艺途宽广，得所得矣。

山中有花开，只待缘者来。

诗画江南 雅厨写竹

文/苏维

传统文人对竹子是情有独钟的，清代诗人际智有诗曰：“此君志欲擎天碧，耸出云头高百尺。”在古代文人眼中，竹子志高可擎天。

在我书法工作室的墙上，挂着一幅风竹图，画中竹依石生，迎风不屈。画面用墨潇洒酣畅，每笔竹叶果断淋漓，让观者大呼爽快。此画作者金洪男，号江南雅厨。

有关于江南雅厨这个称呼，金洪男说，当时有人笑问他：“你是个厨师，凭什么叫雅呢？”他思索再三，于是果断地拿起画笔，这一拿就是十几年——如今周围的朋友都会赞叹左手掌勺、右手握笔的他，雅厨的称号名副其实。

金洪男画得最拿手的就是竹子。看他作画，寥寥数笔，胆大精练，瞬间工夫就跃然纸上了。每次见面，他都会很热心地把近期的画作拿给我看。每次看到他的画作，我都会暗暗吃惊。

我说：“你是真的有书画的悟性，每次都能让我眼前一亮。”

他笑着说：“我只是喜欢画，只是画得多。”

光彩的背后一定是有无数汗水的！我偷偷地瞄了一眼墙角那一堆半人高的练习画作，心中不禁感叹。

金洪男善于画竹子，在我看来，他画的其实就是自己，张九龄有诗曰：“高节人相重，虚心世所知。”我想用这句话来概括他，是最恰当不过的。

2018年，金洪男拜师在中国画大家吴冠南先生门下。从此，他更加刻苦地练习绘画，用一发不可收来形容也不为过。吴冠南先生给他带来的是更为高级的绘画理念。对造型的概括，色彩的搭配，以及整体画面的布局安排，让金洪男的绘画又有了质的飞跃。几次看到他新画的竹子，我都这样评价：这是活的竹子，摇翠戛玉之感跃然纸上，让人共鸣出一片真实的竹林。

金洪男的人缘也是极好的，大家都愿意和他称兄道弟。有时候他会叫上我们一帮志同道合的朋友，一边品尝他研发的新菜，一边交流书画技艺心得。苏州画坛先贤张继馨老先生曾经跷着大拇指评价金洪男，称赞他是餐饮行业中写字画画最好的，同时在书画界是做菜最好吃的。在我看来，这两者都是艺术，而能将两者结合得如此完美的，恐怕也只有金洪男一人做得到了。

2021年，金洪男被评为苏州市非物质文化遗产项目苏帮菜制作技艺代表性传承人。这崇高的荣誉带给他的，是更大的动力和更重的使命——领航苏州餐饮，传承苏州文化。

曾经有记者采访金洪男："你是如何坚持了这么多年，把餐饮和书画同时做得这么出色的？"他的回答是："我不是坚持，因为只是坚持的话，早就败下阵来了；我是热爱，是发自心底的喜欢，所以再大的困难都会迎刃而解。"是啊！生活不会一帆风顺的，但是只要心中有梦想和希望，成功就会不期而遇。所谓凌云有意，偃而犹起，这是竹子的品性，更是金洪男面对困境时的韧性。弯而不折、折而不断，这是每个成功者必须具备的素质。

元代杨载有首题竹诗："风味既淡泊，颜色不妩媚。孤生崖谷间，有此凌云气。"金洪男善画竹，其人更似竹。我时常会驻足他的那张风竹图前，那迎风傲立着的，是我一直的榜样。

风味既淡泊，颜色不妩媚。
孤生崖谷间，有此凌云气。

金洪男与大女儿、小女儿

关于父亲的随笔

文/金鱼

父亲总喊着要出书，喊了好多年，没想到这次来真的，需要我写的这篇“我的父亲”也愁了我好些天，后来想，那就写些和父亲之间的小故事吧。

在人人追求美颜相机的年代，我拥有了第一台属于自己的单反相机。父亲将它作为生日礼物送给我的时候，我反而是懵的，我想了想，可能是因为前不久我对他说“我喜欢上拍照了”。后来才明白，父亲默默记下了，但凡我喜欢的，他总是会默默记下。

除了我说的，平时的一些细节他也都看在眼里，初中喜欢看饶雪漫，也被父亲观察到了，没多久带回来了一套，弄得我哭笑不得。老师总是严禁学生看言情小说，不过父亲他不在乎言不言情，他只是知道女儿喜欢。虽然他这些细心也成了后来让我头疼的原因之一，不过那都是后话了。

爷爷奶奶去世得早，我对他们的记忆少之又少，记忆当中就听母亲和身边亲戚说父亲在很小的时候就带着姑姑一起，又为兄又为父地和姑姑一起长大，所以父亲对亲情也特别重视。在我的记忆中父亲总是很忙，节假日他一定在店里，终于到了他休息的时候，我又要上课了，但就算这样，一点也不影响他和我的相处。每天早上六七点，他一定会起床送我去上学，哪怕只有十几分钟的车程，只为了和我每天能沟通几句，那时候不懂，满脑子就想着担心他翻我裤脚，查我有没有穿秋裤。

一直到进公司之前，父亲在我的心里都是个慈父，从小到大没有对我动过手，也没说过什么重话；仅有一次，我在家玩煤气，差点把家给炸了，事后想想，也是我自己该打。

在公司的十年，是我飞快成长的十年。我的父亲和师父在身边，一个严厉紧逼，一个循循善诱，中间也发生过不少的故事。我后来常常想，直到进入公司，才发现是真的开始了解父亲。

对所有人都要尊重，不能因人而异。为人要大气，不要斤斤计较。艺术要留白，和做人是一样的……

父亲是矛盾的，前些年他在工作上对我的严格让我总是有些发怵和叛逆，加上他对感情的不善言辞经常让我感到困惑。直到我开始真正做管理并吃了不少亏后，才明白他的缘由，明白作为“自己人”更要以身作则，现在倒也能说笑着告诉他，我明白他的良苦用心。但在生活上他总是遮遮掩掩，不好意思问这问那，男朋友的事情他总是旁敲侧击地打听，殊不知他一打听，“耳报神”们就发来信息了，每每如此我都不禁笑出声，觉得父亲可爱，又叹口气想起师父曾经宽慰我的话：“你看，再严格终归是你的父亲。”

每每参加婚礼，泪点低的我也总是眼眶泛红，并不是期待着嫁娶，而是看不得父亲将女儿的手放入女婿的手中后，转身离开的场景。遇到有的父亲当场挥洒眼泪，我也总会落泪，我常常想未来在我的婚礼上父亲的模样，有时候想着想着都恨不得取消这个环节，因为实在顶不住看到平时乐呵呵的父亲转身离开的样子。后来被朋友一语打破，“想什么呢，你放心吧，你父亲现在更担心你不愿结婚”，又笑作一团。

这十年间，父亲的话总是伴随着我的成长：

“对所有人都要尊重，不能因人而异。”

“为人要大气，不要斤斤计较。”

“艺术要留白，和做人是一样的……”

直到这两年，他又说：

“这些事不用我说了，你懂的。”

“我是老狐狸，你是小狐狸。”

“你觉得这个怎么样？”

家人之间的吵闹与磨合总是都有的，但这也成了我和父亲之间的一种默契，在不善言辞和夸奖的父亲心里，我想我应该长大了吧。

金洪男与家人

光影

勺园绘事

光影之间

文/华永根

金晓琪，艺名金鱼。“金鱼”二字动听、上口，叫的人多了，以至在日常工作中大伙儿都唤她“金鱼”，或许都把她的真名忘了！

金鱼的父亲是当下烹坛当红“厨星”、书画家金洪男先生。他把一手带大的女儿金鱼视作掌上明珠，爱护有加。其实，金鱼从小就是一个乖巧的孩子，长大后温顺听话，在家听从父母之言，在外与人相处时诚实和善。金鱼秀外慧中，脸上总带着微笑，说起话来声音轻柔，总有一种苏州女孩、大家闺秀的模样。

金鱼天资聪慧，遗传了父亲的艺术细胞。她从小喜欢文艺，热爱生活。读书时代，她就酷爱拍照；长大后，更痴迷于摄影。她一步一个脚印地追逐着光影，渐渐成了一个摄影才女。

金鱼进入摄影艺术圈子已有十多个年头。她从旅游与财经高等职业技术学校毕业后，便进入父亲掌管的新梅华餐饮管理有限公司，帮助父亲打点业务。在那里，她又结识了公司董事长单正女士。其实，单正董事长是看着金鱼长大的人，因为金鱼的父亲金洪男与单正都在新梅华饭店长期共事。工作多年后，单正与金鱼结为师徒。从此，金鱼在工作上有人相助，处事更加游刃有余；在生活中也有人指点，整日欢天喜地。但她从未忘记自己仍热爱摄影。

金鱼站在新梅华餐饮的平台上，施展她独特的才艺，拍摄了众多菜艺美食图片，受到业内人士的称赞。由此，她的工作业绩步步高升。在董事长的不断督促与提携下，金鱼已从一个普通职员荣升为新梅华副总经理，此外，她还是金晴鱼广告公司主理人、美食摄影师、视频IP策划师等。这一切，父亲金洪男看在眼里，喜在心里。父爱如山，他拿出“私房钱”给女儿金鱼买了一台性能超前的佳能相机。这台相机是金鱼摄影道路上的第一台个人相机。在这里尤其要说的是，父亲送的这台相机更是为她指明了一条艺术道路。有了这台相机，金鱼如鱼得水，海阔凭鱼跃。

金鱼在摄影艺术上总有独到见解。她从人物摄影开始，转而追逐生活场景，用自己的灵感捕捉生活中的点滴，表达出自己内心的情感。在摄影艺术上，她对用光、构图、留白等处理得协调合理，表达出自己内心想要的图景。照片是瞬间的艺术记录，她又以少女细腻的情感，站在时光的尽头，拍好每一张照片。这些照片都成了一种回忆。金鱼的摄影从彩色照片过渡到黑白照片，从玩胶卷到数码，又从数码回归到现在只有少数专业人士使用的胶卷。她这一路走来实属不易，摄影的艰辛不是一般人所能承受的。有的摄影需要长期蹲守以捕捉自然光线，有的需要在室内拍摄，她也常会背着相机在城里、城外转悠，一拍就是一整天。

拍摄美食照片也得用上一大堆各种灯光器材，身上挂着“长枪短炮”轮流拍摄，既费劲又伤神。平时出差、参加宴请会议，她都带着相机，为了捕捉到瞬间的变化，把美味凝成图片。

当下，金鱼在苏州摄影圈内崭露头角，拍摄的各类摄影作品有上百件之多，还举办了个人摄影展览。展览中的图片展示了那些黑白对比、线条错落、高低悬殊、块面多重叠加的城市建筑风貌及城市街巷中人与物的无尽魅力，引人入胜。城市中不起眼的角落、斑驳的河岸、生锈的铁门、斜横的石桥、缝里的花草，在她的镜头下都焕发出惊人的生命力。那些美感十足的菜艺图片，拍出了细如发丝的刀工、飘荡的热气、五彩的色泽、精致的摆盘，真是秀色可餐，让人爱不释手。参观者都不由得感到欣慰与赞叹。这些图片还发行成了摄影图片明信片。在摄影艺术道路上，金鱼常有人相助，技艺不断长进。苏州著名摄影艺术家易都先生就是金鱼的老师。易都老师告诉金鱼："摄影本无法，做自己就好。"他的话让她学会独立思考，在平庸的生活中发现出其不意的美，用光影和色块撑起自己的美学世界。对她而言，摄影不仅仅是一种表达方式，更是一种生活态度，在平凡中发现美好，在光影中寻找永恒。

金鱼在摄影艺术道路上，正如她老师易都对她评价的那样——未来可期！

园林一角1

愿人生就和它们一样，五彩斑斓，深浅相宜

园林一角2

留“黑”

和光同尘系列

后记

文／金洪男

《勺园绘事》这本书历经几年的沉淀，终于以完整的形态呈现给了诸位读者，书页间跃动的名字，都是照亮这段旅程的星辰。感谢我的老师华永根先生和吴冠南先生，感谢书中的每一位前辈、朋友和师门兄弟，与你们的交往都让我受益匪浅。感谢古吴轩出版社专业且细心的工作。这些名字不应只是铅字，而是该用姑苏城最醇的冬酿酒来敬谢的知音。此外，书中所呈现我的绘画及菜艺的图片，虽然经过挑选，仍然有许多不足之处，所写文字也有挂一漏万的地方，恳请读者批评指正。

书里最后一个章节，是我大女儿的文章及摄影作品。她眼中的父亲，让我看见另一个自己。年轻人用镜头语言讲述的传统守望者，或许正是文化流转最鲜活的注脚。她按下快门的瞬间，我忽然明白：传承不是单程的给予，而是两代人目光交汇时闪烁的火花。

这本书记录的，不是某个人的故事，而是一群人守护姑苏味道的集体记忆。若读者能从油盐酱醋中品出笔墨丹青的气韵，在经营之道里看见苏工苏作的匠心，便不负这一场跨越几载春秋的真诚书写。灶火未熄，画笔常新，且让我们继续在这人间烟火里，勾勒传统与现代相融相生的新画卷。